工廠叢書 ⑩

生產主管工作技巧

曹晉德/編著

憲業企管顧問有限公司　發行

《生產主管工作技巧》

序　言

　　大多數生產企業都面臨著同樣的問題：員工素質缺乏、作業效率低下、生產交貨期延遲、人員混亂、管理秩序混亂等造成的程式控制和細節執行不力，企業的轉型和管理升級倍感艱難。

　　生產製造業處在這種時刻，必須將每天業務簡單化、流程化、標準化，使之可執行、可控制，提升執行效果。把工廠問題控制，在最短時間、最小範圍內解決，清除了管理死角，為生產提供了優質保障，不良品率、材料消耗大幅度下降，管理工作及時、全面、有效，實現了管理的精細化。

　　在生產製造業，生產主管是現場管理的最直接指揮者，責任重大，其在企業管理中的重要性是不言而喻的。本書就是專門爲工廠各級幹部而撰寫的工具書。指明了工廠幹部如何規劃工作、如何完成工作、如何檢驗工作以及如何進行自我提升。

　　全書針對工廠生產主管之角色，強調生產主管工作內容，從製造現場、機器設備、生產流程、生產規劃、現場運作、物料使用、人員管理、作業方法、工作改善等具體生產管理領域，對現場主管的職責、技能和要求進行了詳實的解說。既是工廠各級幹部自我學習的最佳工具、又是企業幹部步入成功的實用指南。

　　本書原是企管顧問公司的工廠管理培訓班上課講義，2017 年 4 月推出圖書版本，編寫過程中，得到眾多顧問專家的建議、指導和幫助，在此表示衷心感謝！希望您會更喜歡。

2017 年 4 月　第一版

《生產主管工作技巧》

目　錄

第 1 章　生產主管的職責 / 12

　　生產主管被稱作第一線生產主管，既是專業技術人員，又是管理者。生產主管的管理職能實質上是執行與操作，執行公司及工廠的生產作業計劃，進行工作崗位分解與操作。

第 2 章　生產主管的日常工作 ／ 35

　　生產主管每天的第一件事，就是去生產現場，對工作安排心中有數，意外事情及時處理。生產主管在眾多的工作中要分析判斷那項工作是重點的、關鍵的，確定明確的管理目標，作出實施計劃，然後按計劃進度推進和開展工作。

第 3 章　生產主管為何要到現場 ／ 57

　　生產主管在現場管理的過程中，發揮著極為重要的作用，直接面對著一線的操作人員和產品製造過程，因此，培養現場管理能力，掌握各類現場管理的工具和方法是非常有必要的。

第4章　生產主管的現場生產控制工作 / 79

生產主管在生產現場要創造有利的作業條件、明白各作業及各工序的進行狀況、控制好生產進度、提高生產效率。實行標準化作業，有效地防止事故的發生。

第5章　生產主管的管理技術 / 113

生產主管的生產現場管理，包括：作業管理、工序管理、材料管理等，而定置管理是研究生產活動中，人、物、現場三者之間關係的一種方法，是管理工作的實施重點。

第 6 章　生產主管的生產計劃 / 133

好的計劃是成功的一半，生產主管要以生產作業計劃為標準和依據，監督、檢查生產作業的實際運行情況，及時發現錯誤，採取措施消除錯誤，以保證生產作業計劃的順利完成。

第 7 章　生產主管的生產線管理 / 172

產品的質量(Quality)、成本(Cost)和交貨期(Delivery)，是現代企業生產管理成敗的三大要素，保證 QCD 三方面的要求，是生產

管理的最主要任務。生產線如何安排，不僅影響全體目標，而且可能影響員工士氣。生產主管應事先文字化，然後安排最佳組合上陣。

第 8 章　生產主管要進行工作改善 ／ 210

人們對新的事物或現象的變化一定有習慣性的抵抗，開始會不習慣，感到不安。身為生產主管，最大任務就是觸決問題。管理的技巧也可以說是解決問題的技巧。

第 9 章　生產主管要控制品質 ／ 227

企業全面品質管制的一個重要特點是「預防性」，是一項開發、研製、生產和銷售用戶滿意的產品的系統管理活動，貫穿於產品質量產生、形成和實現的全過程。大部份的品質問題可以用現場、現物、現實的「三現」原則，以低成本、常識性的方法來解決。

第 10 章　生產主管的設備維護工作 ／ 251

設備維護保養的目的主要在於維持設備良好的使用條件，並通過排除故障，防止劣化來達到提高設備使用壽命的目的。設備

的管理還應對存入現場進行規劃、標識及目視管理。

第 11 章　生產現場的工具管理 / 270

通過工具管理，要保證向生產工作崗位供給優質、高效、低成本的成套工具。加強日常工具管理，有利於降低工具消耗，保持各類工具的良好技術狀態。

第 12 章　生產現場的安全管理 / 274

生產主管是生產的直接指揮者，是安全生產工作第一責任人。生產主管要進行日常安全檢查，要對員工進行安全教育和培訓，執行上級頒佈的有關安全生產規定，嚴格執行各項規定制度，做好安全管理工作。

第 13 章　生產現場的 5S 管理 ／ 283

5S 活動是指對生產現場各生產要素(主要是物的要素)所處狀態不斷地進行整理、整頓、清潔、清掃和提高素養的活動。5S 活動是企業現場管理的基石，要持續進行才能見其成效。

第 14 章　生產現場的目視管理 ／ 294

推行目視管理，是以生產現場的人、機、料、法、環等要素為對象，貫穿於生產系統的全過程、各個環節，並不是作表面文章，而是一定要從實際出發，遵循科學規律。

第 15 章　生產現場的看板管理 / 307

「看板」作為資訊傳送工具，傳遞既準確又迅速，還能避免資訊失真或傳達遺漏，至關重要的連結的作用。它要求在需要的時間，用需要的材料，生產出需要數量的產品。

第 16 章　生產現場的培訓管理 / 315

好的訓練方法能夠讓員工掌握工作崗位的基本要求，培養端正的工作態度和作風，能夠發現和判斷品質方面異常，是高品質、高效率生產的基礎。

　　生產主管在生產現場面臨各種問題，掌握溝通技巧，靈活多變的策略，把握機會、解決問題，建立一個群策群力、生產效率高的小組，圓滿實施每項任務。

第 一 章

生產主管的職責

1 生產主管的角色

　　生產主管是被人們稱作基層管理者或第一線生產主管。他們所管理的組織，是企業的生產管理單位。企業中所有的生產活動都是在班組中進行的，所以說班組工作的好壞直接關係著企業經營的成敗。通常班組中的主管就是生產主管、課長等，他是班組生產管理的直接組織者與指揮者，負有提升產品品質、提高生產效率、生產管理、降低成本、安全生產、員工管理和輔助上司等使命。

　　作為企業的生產主管，自身的角色也越來越多地趨向於一個「勞心者」而非「勞力者」。因此，企業生產主管的職業角色應是基層管理人員，而非技術人員。表 1-1 是不同類型的管理人員在能力、知識結構等方面的要求。

　　作為一線管理者的生產主管應有戰術執行能力，在知識要求方面除必須具備的一線的技術技巧外，還必須有較強的管理技巧（人際關

係、溝通)及一定的觀念技巧(戰略、策劃、決策和政策等)。

表 1-1　管理人員能力、知識結構要求

管理人員類型	能力要求	知識要求		
上層管理	主要應有戰略決策能力	觀念	人文	技術
中層管理	主要應有戰役決策能力	技	技	技
一線管理	主要應有戰術執行能力	巧	巧	巧

　　生產主管有大小之分，例如班長、組長、課長、生產總監，而班組管理是企業管理的基礎，它是在企業整個生產經營活動中，由班組自身所進行的計劃、組織、指揮、協調、控制和激勵等管理活動。它的職能是對班組中的人、財、物合理組織，有效利用，實現企業和工廠所規定的目標和要求。

2　生產主管的職能

　　作為生產主管，他既是一個專業技術人員，又是一個基層管理者。因此，其職能標準也包括計劃、組織、指揮、協調和控制，但與中高層管理者的職能有所不同，它更加細化、具體，帶有一定的技術性。

1. 計劃職能

(1) 制訂本部門的目標與計劃

　　依據組織的總體目標與計劃，結合班組的資源，制訂班組工作目標，尋找實現目標的各種途徑並選擇最佳途徑。把最佳途徑轉化為每週、每天的工作事項。估計各項任務的完成時間，落實成文字計劃。

(2)班組資源預算

依據目標計劃進行所需的人力、財力和物力的需求預算。

一項完整的計劃應包含的要素如表 1-2 所示。

表 1-2　計劃要素

要　　素	要回答的問題	內　　容
前　　提	該計劃在何種情況下有效	預測、假設、實施條件
目標、任務	做　什　麼	最終結果、工作要求
目　　的	為什麼做	理由、意義、重要性
戰　　略	如　何　做	途徑、基本方法、策略
責　　任	誰做、做得好壞的結果	人選、獎罰措施
時　間　表	何　時　做	起止時間、進度安排
範　　圍	涉及那些部門或何地	組織層次、地理範圍
預　　算	需投入多少資源	費用、代價
應變措施	實際與前提不相符怎麼辦	最壞情況計劃

(3)制訂實施計劃的檢查方案

計劃在執行中需要不斷地檢查、監督，不斷地糾正。這就要求要有一個資訊回饋系統來保證計劃的順利實現。

(4)進行決策

計劃目標的實現由誰完成、怎樣完成、什麼時間完成、如何監督及如何考核等諸多問題都應由生產主管進行決策，並對決策失誤所造成的後果負責。

2.組織職能

(1)依據整分合原則制訂組織實施方案。首先從整體上有個充分細緻的瞭解，在此基礎上，將整體工作分解成一個個基本要素，然後明確分工，把每項工作規範化，建立責任制度，進行科學組合，使各個要素在分工的基礎上充分合作。

⑵將本班組的人員進行合理分工與安排。按照何人、何地、何時、完成何事的思路,將合適的人放在合適的崗位上。

⑶資源配置與管理。有效配置與妥善管理各種資源,改善工作環境,進行「5S」運動(即整理、整頓、清掃、清潔和修養)。

⑷構建和諧的工作團隊。創造一種工作氣氛,使每個人都能發揮自己的最好水準,實現團隊整體目標。

3.指揮職能

⑴發佈指令,安排工作。

⑵建立資訊溝通管道。利用班前會、班後會將組織的各種資訊傳達給每個人,引導大家完成目標。及時溝通、協調、諮詢與工作相關的問題,消除員工對目標任務的誤解與偏差。

⑶建立班組激勵制度。對每個人的表現進行記錄,按照績效進行考評。激勵員工出色完成任務。

⑷解決衝突。消除障礙,處理突發事件,幫助大家實現目標。

4.控制職能

⑴制定本部門的工作標準,並落實到每個崗位上。

⑵對員工表現進行評價。從兩方面進行評價:第一是做得對不對(是否按標準);第二是做得好不好(是否達到目標)。

⑶做好偏差、違規及事故記錄。

⑷建立公正的懲戒制度。

⑸制定事故的預防和糾偏方案。處理員工抱怨與不滿的問題,減少或消除影響目標實現的因素。

⑹建立資訊溝通制度。傳遞偏差、違規及事故資訊,為其他部門提供協同工作的資訊,傾聽員工的意見與建議。

⑺對安全、成本、品質及時間的控制要特別重視。

⑻對員工表現進行上報。

以上四項生產主管的計劃、組織、指揮、控制職能，在每天的具
體工作中得以體現。在現實中，基層管理者的工作思路，可以設計為
PDCA 循環，即計劃（Plan）、實施（Do）、檢查（Check）和處置
（Action）。經過不斷的循環提高，使生產主管的職能與使命得以實現。

3 生產主管應具備的能力

1. 盡職能力
⑴在工作上或非工作上，為達到目標，你習慣於面對困難和解決
困難嗎

⑵你是否盡可能避免個人的偏見和衝突以免影響工作

⑶如果做錯，你會承認錯誤以及從中吸取教訓嗎

⑷你能面對問題並努力去解決它，而不讓它持續地困擾你嗎

⑸有私人問題時，你仍能集中精力工作嗎

⑹有緊急情況發生時，你能不驚不慌，平心靜氣地去解決它嗎

2. 計劃能力
⑴在工作上和非工作上，你會從事長遠規劃的設計嗎

⑵對於工作，你是否至少在一個星期以前就籌劃完善，知道做什
麼和如何做嗎

⑶當你被指定從事某一專門工程時，在開始動工之前，你能詳盡
地規劃你的工作方法嗎

⑷你常常在規定時間內完成工作嗎

3. 組織能力
⑴在工作上和非工作上，為實現更大目標，你有指派他人工作的

經驗嗎

　　(2)你是否瞭解你的工作部門的組成方式、協調作業、報告系統、各成員的職務及主要負責人的控制幅度

　　(3)你的工作，需要與部門內或部門外的其他成員合作協調嗎

　　(4)你熟悉組織的基本原理以及目前管理上組織形態是如何變化的嗎

　　(5)你對整個公司或企業的組成有明確的瞭解嗎

4.控制能力

　　(1)你現在的工作是否符合工作部門的日程表與計劃

　　(2)你知道本部門的報告系統如何運行嗎

　　(3)你知道整個單位的報告制度是如何運行的嗎

　　(4)你會將自己的工作劃分為幾個部份，並為每一部份建立標準嗎

　　(5)你是否定期檢查工作成效

　　(6)你知道資料處理如何進行，以及它在你的工作部門所佔的地位嗎

　　(7)你有提醒自己在一定時間完成工作的制度嗎

5.口頭表達能力

　　(1)你花很多的工作時間用於說話和聆聽嗎

　　(2)當你陳述問題時，別人能正確地知道你的意思嗎

　　(3)當你表達很重要的事情時，你能清晰地表明你的目標嗎

　　(4)你能夠讓同事聽懂如何從事交付給他的工作嗎

　　(5)從你得到的「反饋」中，你已知道聽者確實知道你所說的內容嗎

　　(6)當你聽他人說話時，你能集中精神嗎

6.把握整體能力

　　(1)你知道你的工作對組織整體目標的貢獻嗎

　　(2)你知道其他部門在整個組織上的功能嗎

(3)你知道其他部門在整個組織上的相互關係嗎

(4)你肯讓你的上司知道會影響部門成效的一些事情嗎

(5)當其他人員協助改進你的工作或部門時，你會與他們合作嗎

(6)當有份外工作時，你心甘情願去做嗎

7. 領導能力

(1)其他同事是否也偶爾向你請教問題

(2)當批評別人時，你的評語是否出於建設性

(3)你有最好的辦法激勵部門內和你熟悉的同事更努力地工作嗎

(4)當他人有特殊成就時，你讚揚他們嗎

(5)其他人是否有不論何事都由你決定的傾向

(6)如果你對某項工作能做得很好，你仍願意分派給別人做嗎

(7)你與你的同事相處得很好嗎

8. 決策能力

(1)在工作上，你能勝任作重要的決策嗎

(2)作決策時，你運用系統方法嗎

(3)面對決策，你心中畏懼嗎

(4)你敢於承受決策的責任嗎

(5)你是否有把握，你所做出的許多決策至少多半屬於正確

9. 創造能力

(1)現在，你所從事的工作需要有創造性的能力嗎

(2)當你聽到其他的創新時，你是否能舉一反三嘗試到自己的工作上

(3)在工作上和非工作上，你是否常常在想用更好的辦法來做事

(4)面對困難而又一時找不到確切的辦法時，你經常能提出創造性的見解嗎

10. 主動能力

(1)在目前的工作上，工作的方法大部份是你自己選擇的嗎

⑵你是否隨時主動工作，而不是被要求或被指揮時才做

⑶工作碰到困難時，在求助上司之前，你是否嘗試自己解決

⑷開會時，你是否熱心參與

⑸你是「今日事今日畢」的人嗎

11. 適應能力

⑴當你碰到與你的意見或計劃相反的見解時，你願意傾聽別人的反對意見嗎

⑵你對可能影響到你的工作的新趨勢保持警覺嗎

⑶你會承認錯誤而改變對其他觀念、方法、人的看法嗎

⑷你會試著去瞭解「漸進求變」的優點而盡力去求其實現嗎

⑸你處理問題時，是否能不受先入為主的觀念的影響

⑹受批評時，你認為那是學習、改進的機會嗎

4 生產主管的素質要求

1. 目標管理能力

在處理業務時，要能夠設定主題、時限、數量等具體的目標，提高下屬的參與意識，具備使 P(Plan——計劃)－D(Do——執行)－C(Check——檢查)－A(Action——行動)這一循環不斷地週而復始的能力。

2. 問題解決能力

具有發現問題的意識和想像預測能力。一旦發現妨礙目標達到或業務開展的問題，立即分析現狀，找到原因。善於用「是什麼？為什麼？怎麼樣？」的三問思維，從 360 度全方位思考對策，並提出對策

直至解決工作上的問題。

3.組織能力

為了達到部門的目標，懂得利用每一名員工的特點進行任務的分派，發揮全體員工的能力，同心協力，使部門運作達到「1＋1＞2」的效應。

4.溝通能力

為了能夠進行直接的意見溝通，交流必要的信息，應該具備良好的溝通能力。交流能力隨著工作經驗和悟性逐漸提高。

良好的溝通協調能減少摩擦、融洽氣氛、提高士氣，有助於構築良好的信賴關係。

5.傾聽的能力

很多生產主管都有這樣的體會：一名因感到自己待遇不公而憤憤不平的員工找你評理，你只需認真地聽他傾訴。當他傾訴完時，他的心情就會平靜許多，不需你作出什麼決定來解決此事。

這只是傾聽的一大好處，善於傾聽還有其他兩大好處：一是讓別人感覺你很謙虛，二是你會瞭解更多的事情。每個人都希望受到重視，並且都有表達自己意見的願望。所以，友善的傾聽者自然成為最受歡迎的人。

6.親和力

生產主管進行管理的目的是為了使他的下屬能夠準確、高效地完成工作。輕鬆的工作氣氛有助於達到這種效果，幽默可以使工作氣氛變得輕鬆，使人感到親切。幽默的生產主管能使他的下屬體會到工作的愉悅。

在一些令人尷尬的場合，恰當的幽默也可以使氣氛頓時變得輕鬆起來。可以利用幽默批評下屬，這樣不會使下屬感到難堪。當然，對於那些悟性較差或頑固不化的人，幽默往往起不了作用。

7.激勵能力

要讓下屬充分發揮自己的才能努力去工作，就要把下屬從「要我去做」變成「我要去做」。實現這種轉變的最佳方法就是對下屬進行激勵。如果我們用激勵的方式而非命令的方式安排下屬工作，更能使下屬體會到自己的重要性和工作的成就感。

金牌生產主管不僅要善於激勵下屬，還要善於自我激勵。作為一名生產主管，每天有很多繁雜的事務及大量棘手的事情需要解決，其所面對的壓力可想而知。自我激勵是緩解這種壓力的重要手段。通過自我激勵的方式，可以把壓力轉化成動力，增加工作成功的信心。

8.指導力

在經過深思熟慮後，為了順利地展開日常業務而傳授必要的知識及方法，指出下屬在意識和行動上的不足之處，使大家理解業務的定位、重要性，提高他們的工作幹勁。

9.培養力

下屬的培養是管理人員的重要任務，要熟悉每一名下屬的欲求，在工作中讓他們自由發揮自己的長處，使他們的成就感與工作能力能夠長期地、有計劃地得到提高。

10.控制力

一名成熟的生產主管應該有很強的情緒控制能力。當一個主管的情緒很糟的時候，很少有下屬敢彙報工作，因為擔心他的壞情緒會影響到對工作和對自己的評價，這是很自然的。從這點意義上講，當你成為一名生產主管的時候，你的情緒已經不單單是自己私人的事情了，會影響到你的下屬及其他部門的員工；而你的職務越高，影響力越大。

11.自我約束力

不沉湎於隋性及日常業務之中，而是描繪「理想的自畫像」，經常

以此自律自己的行動。為此,必須非常瞭解自己的長處與短處,在有限的時間內有效地活用,努力增進自己各方面的能力。

12.概念化能力

概念化能力是把握事物的本質,發現問題、瞭解問題時不可缺少的能力。越高層次的管理人員,對概念化能力的要求就越高。概念化能力取決於工作環境和個人悟性,帶有潛能性質。

表 1-3　管理能力測評

序號	管理行為	是	否
1	習慣於行動之前制訂計劃		
2	經常基於效率上的考慮而更改計劃		
3	能經常收集他人的各種反映		
4	實現目標是解決問題的繼續		
5	臨睡前思考籌劃明天要做的事情		
6	事務上的聯繫、指示常常一絲不苟		
7	有經常記錄自己行動的習慣		
8	能嚴格制約自己的行動		
9	無論何時何地,都能有目的地行動		
10	能經常思考對策,掃除實現目標的障礙		
11	能每天檢查自己當天的行動效率		
12	經常嚴格查對預定目標和實際成績		
13	對工作的成果非常敏感		
14	今天預先安排的工作絕不拖延到明天		
15	習慣於在掌握有關信息基礎上制訂計劃和目標		

5 生產主管的工作崗位操作規範

　　生產主管的管理職能實質上是執行與操作，執行公司及工廠的生產作業計劃，進行工作崗位分解與操作。這是企業完成生產任務、提升經濟效率的基礎。必須從規範生產主管自身行為做起，來規範生產線其他成員的行為。

1. 什麼是工作崗位操作規範

　　工作崗位操作規範就是從企業經營系統的整體出發，落實工作崗位責任，使生產主管明確「做什麼」、「怎麼做」、「什麼時間做」和「做到什麼程度」，從而使生產主管能做到按流程、按路線、按時間、按標準、按指令操作，是工作崗位工作規範的基本內容。

2. 生產主管工作崗位操作規範的內容

　　生產主管工作崗位操作規範包括如下內容：

　　⑴該工作崗位所有的操作，即應該做什麼？

　　⑵每項操作的操作方法和操作流程，即應該怎樣做？按什麼路線做？

　　⑶工作崗位所有操作的時間安排？

　　⑷執行考核細則，即每項操作怎麼做和做到什麼程度？

3. 生產主管工作崗位操作規範的調整

　　各工作崗位的規範雖然都是運用科學的流程和方法制定出來的，但是並不意味著絕對不可變更，這是因為各種生產條件總會變化，企業各種資源要素也處在變動之中，所以工作崗位操作規範也應與生產實際相適應，做出適度調整。

工作崗位規範化操作展示板和操作規程為每個工作崗位明確了工作內容，但是，生產中總有些特殊情況，如停水、停電、發生突然事故等，這時，為使各工作崗位能協調有序地工作，必須進行臨時性調整。

一般來說，生產主管工作崗位操作規範化臨時性調整必須由生產管理機構統一發出操作指令，並不允許私自隨意變更。企業為了保證工作崗位操作規範的系統性和實用性而主動進行的調整，一般是每隔 1～2 年，專人對工作崗位操作規範進行一次修訂，並對工作崗位人員進行學習、培訓和試行，以便不斷地提高工作生產率。

但是，各種調整也是有序可循的，一般是根據企業生產條件和環境的變化作出的，在不斷收集員工在工作中創造發明和先進操作經驗基礎上進行的，生產主管本人可對自己的工作崗位操作規範提出積極的、建設性的意見或建議。

在工作中你是否碰到這樣的問題：

⑴某個設備壞了，停在那裏等你檢修；

⑵上司讓你馬上給他整理一份近期生產記錄；

⑶有位員工生病了，要安排別人來頂替工作崗位；

⑷有些物料遲遲沒到，半個小時內就要停線了；

⑸某個產品馬上生產了，作業指導書還沒來得及做……

在這種情形下，忙得焦頭爛額、有疲於奔命的感覺，確實令人沮喪。因為管理者負責的多半是日常事務，日常事務是多而繁雜的，沒有好的管理技巧，就會事倍功半。所以，在工作中能否抓住重點，是能否勝任管理者這個角色的關鍵。

重點管理來自柏拉圖的「重點的少數」理論。換言之就是只有 20%的工作，卻佔用了你工作 80%的重要性；另外 20%的工作，都是次要的，只佔 20%的比重。

對於日常的事務性工作，我們首先要進行盤點和思考，將那些「重要的少數」尋找出來，首先完成他們。「重要的少數」的判斷標準可以從以下方面考慮：

⑴影響後序工作的事務；

⑵有牽連影響的跨部門工作；

⑶上司特別強調的方面；

⑷員工、下屬關注的工作等。

以上幾種工作要優先實施，重點管理。當然其餘的工作並非是不用做，而是將有限的資源和精力做合理安排。

6 生產主管的管理風格

影響組織成功主要有四個關鍵因素──個人素質、職位素質要求、管理風格、組織氣氛。其中，組織氣氛對組織績效的影響程度達28%，而組織氣氛 70%取決於管理者的管理風格。管理風格有以下幾種，金牌生產主管必須清楚自己的管理風格屬於那一種類型。

表 1-4　管理風格類型表

類型	首要目標	行為特點	適用情形	不適用情形
強制型	要求下屬立即服從	⑴不斷地下命令告訴下屬做什麼 ⑵一旦下達命令；希望下屬立即服從，並嚴格控制 ⑶當下屬出現錯誤，會指責下屬 ⑷施加壓力，而不是獎勵	⑴應用於簡單、明確的任務 ⑵危機情況下，下屬需清晰指令且上司比下屬知道得多 ⑶如違背命令將導致嚴重後果，或當其他所有管理手段都失效而只有改進或開除兩種選擇時	⑴當任務比較複雜，強制可能會帶來反作用時 ⑵過長時間使用此法，下屬得不到發展而趨於反抗、消極怠工或離職時 ⑶對高素質下屬最不適用

續表

權威型	為下屬提供長遠目標和願景	將自己的期望、目標、壓力、願景告訴下屬，下屬按照上司的期望去具體描繪，管理者全力支援、幫助下屬達到目標	(1)當需要一個新的願景或清晰的目標及標準時 (2)當他人認為經理本人為「專家」或「權威」時 (3)當新員工有賴於生產主管主動指導時	(1)當管理者不可信用或用於經驗豐富的下屬時 (2)自我管理的工作團隊及民主型決策時
教練型	對下屬有長期的職業發展培訓	(1)根據下屬個人期望，幫助他們確認自身的優勢和劣勢 (2)鼓勵下屬建立長期發展目標 (3)在發展過程中就管理者和下屬的角色與下屬達成共識 (4)提供不斷的指導——解決根本性的原理和規則——並給予有利於下屬發展的回饋 (5)為長遠的發展建立階段性的標準	(1)當下屬承認其目前績效水準與理想績效水準存在差異時 (2)當下屬被激發而主動工作、創新，並尋求職業發展時	(1)當管理者缺乏專業知識時 (2)當下屬需要很多指導和回饋時 (3)當危急情況時
親和型	在下屬之間及管理者與下屬間建立和諧的關係	(1)關注在同事之間促進友好關係 (2)關注滿足下屬的情緒要求而不注重工作任務 (3)注重和關心員工各方面的需求，並努力使下屬「高興」，如在工作安全、附加福利、平衡家庭與工作等方面 (4)不放過正向回饋的機會，並避免與績效有關的衝突 (5)獎勵下屬時將個人特點與工作績效同等對待	(1)當權威型、民主型、教練型並用時，特別是管理者的影響動機超過親和動機時 (2)當下屬績效表現適度且進行例行工作時 (3)當提供個人幫助時，如諮詢等 (4)當不同類型、有衝突的人組成團隊時	(1)當下屬績效不佳需要指導性回饋來糾正時 (2)當處於危急或複雜情況需要清晰的方向和控制時 (3)當下屬是任務導向且對管理者建立友誼不感興趣時
指標型	追求卓越、高標準	(1)樹立榜樣，有高標準並期望他人能瞭解樹立榜樣的原則 (2)擔心委派任務後，別人不能以高標準來完成；一旦發現高績效不能實現時不再讓他人幹，轉而自己做 (3)不同情績效表現差的人 (4)當下屬有困難尋求幫助時，對其緊急施以援手或給予詳細的任務指導 (5)只有會影響緊急任務時，才與他人協調	(1)當下屬被激勵、有能力，並瞭解自己的工作，而不需要指導和協調時 (2)當要求儘快出成果時；當培養與管理者相似的下屬時	(1)當管理者不能事必躬親時 (2)當下屬需要發展、培養時

續表

民主型	在員工之間建立默契，並產生新的理念	(1)確信下屬有能力為自己和組織找到合適的發展方向 (2)讓下屬參與對其工作有影響的決定 (3)一致通過決定 (4)經常召集會議聽取下屬意見 (5)對績效進行獎勵，很少給予消極回饋或懲罰	(1)當下屬有能力時 (2)當下屬必須進行合作時 (3)當生產主管自己也不清楚最佳途徑或方向，而下屬能力較強，並且下屬的想法可能更優於生產主管時	(1)危急關頭，沒有時間開會時 (2)下屬能力不強，缺少相關信息，需要嚴格監控時

7 生產主管的自我提升

作為一名生產線主管，你的未來是把握在自己手裏的，只有通過自己不斷地努力才能獲得成功。以下方法可以幫你塑造自己，塑造那個你一直夢寐以求的自己。

1. 樹立長遠目標

邁向自我塑造的第一步，就是要有一個奮鬥目標，也就是人生目標。遠景必須即刻著手規劃，而不要往後拖。你隨時可以按自己的想法做些改變，但不能一刻沒有長遠的人生目標。

2. 離開舒適區

不斷尋求挑戰激勵自己，提防自己躺倒在舒適區。舒適區只是避風港，不是安樂窩。它只是你心中準備迎接下次挑戰之前刻意放鬆自己和恢復元氣的地方。

3. 把握好情緒

人開心的時候，體內就會發生奇妙的變化，從而獲得陣陣新的動

力和力量。但是，不要總想在自身之外尋開心。令你開心的事不在別處，就在你身上。因此，找出自身的情緒高漲期用來不斷激勵自己。

4. 調高目標

許多人驚奇地發現，他們之所以達不到自己的目標，是因為他們確立的主要目標太低，而且太模糊不清，使自己失去動力。如果你的主要目標不能激發你的想像力，目標的實現就會遙遙無期。因此，真正能激勵你奮發向上的，是確立一個既宏偉又具體的遠大目標。

5. 加強緊迫感

生產主管的年齡一般不大不小，但是千萬不要想到自己還年輕，還有很長的時間，只有危機能激發我們竭盡全力。我們往往會追求一種舒適的生活，努力設計各種越來越輕鬆的生活方式，使自己生活得風平浪靜。其實，日子一天天過去，不知不覺，自己很容易就錯過了最佳的學習時間。必要的時候，應該給自己一些壓力，如想像一下我們僅剩下短短的幾年時間，會做什麼呢？緊迫感是塑造自我的第一步。

6. 撇開一些「朋友」

對於那些不支援你目標的「朋友」，要敬而遠之。你所交往的人會改變你的生活。結交那些希望你快樂和成功的人，你就在追求快樂和成功的路上邁出最重要的一步。對生活的熱情具有感染力。因此，同樂觀的人為友能讓我們看到更多的人生希望。

7. 迎接恐懼

如果一味想避開恐懼，恐懼會像瘋狗一樣對我們窮追不捨。戰勝恐懼後迎來的是某種安全有益的感受。那怕克服的是小小的恐懼，也會增強你對創造自己生活能力的信心。

每個人的命運都掌握在自己手裏。

8. 做好調整計劃

實現目標的道路絕不是坦途，它總是表現為一條波浪線，有起也

有落。但你可以安排自己的休整點，即使你現在感覺不錯，也要做好調整計劃，因為只有這樣才是明智之舉。在自己的事業高峰時，要給自己安排休整點，安排出一大段時間讓自己冷靜一下，即使是離開自己摯愛的工作也要如此。只有這樣，在你重新投入工作時才能更富激情。

9. 直面困難

每一個解決方案都是針對一個問題的，方案和問題兩者缺一不可。困難對於腦力運動者來說，不過是一場場艱辛的比賽。

真正的強者總是盼望比賽。如果把困難看作對自己的詛咒，就很難在生活中找到動力。如果學會了把握困難帶來的機遇，你自然會產生強大的動力。

10. 感受快樂

多數人認為，一旦達到某個目標，會感到身心舒暢。但問題是你可能永遠達不到目標。把快樂建立在還不曾擁有的事情上，無異於剝奪自己創造快樂的權利。

首先要有良好的感覺，讓它使自己在塑造自我的整個過程中充滿快樂，而不要再等到成功的最後一刻才去感受屬於自己的歡樂。

11. 加強排練

先「排演」一場比你要面對的還要複雜的戰鬥。如果手上有棘手的工作，而自己又猶豫不決，不妨挑件更難的事先做。生活挑戰你的事情，你一定可以用來挑戰自己。這樣，你就可以自己開闢一條成功之路。

12. 立足現在

鍛鍊自己即刻行動的能力。充分利用對現實的認知力，不要沉浸在過去，也不要沉溺於未來，要著眼於今天。當然要有夢想、籌劃和制定創造目標的時間。不過，這一切就緒後，一定要學會腳踏實地、

注重眼前的行動。要把整個生命凝聚在此時此刻。

13.敢於競爭

競爭給了我們寶貴的經驗，無論你多麼出色，總會人外有人。努力勝過別人，能使自己更深地認識自己；努力勝過別人，便在生活中加入了競爭「遊戲」。不管在那裏，都要參與競爭，而且總要滿懷快樂的心情。要明白最終超越別人遠沒有超越自己更重要。成功的真諦是對自己越苛刻，生活對你越寬容；對自己越寬容，生活對你越苛刻。

14.不斷自省

大多數人通過別人對自己的印象和看法來看自己。瞭解別人對自己的反映是應該的，尤其正面回饋。但是，僅憑別人的一面之詞，把自己的個人形象建立在別人身上，就會面臨嚴重束縛自己的危險。因此，人生的棋局該由自己來擺。不要從別人身上找尋自己，應該經常自省並塑造自我。

15.不怕犯錯

錯誤並不可怕，只有什麼事都不做的人，才不會犯錯。有時候我們不敢做某件事，是因為我們沒有把握做好。沒有把握也可盡可放手去做，經驗教訓的積累也是成功的要點。

塑造自我的關鍵是甘做小事，但必須立刻就做。塑造自我不能一蹴而就，而是一個循序漸進的過程。這兒做一點，那兒改一下，將使你的一生發生改變。只有重視今天，自我激勵的力量才能源源不斷。

8 提升自我管理能力

如果你已經確立了自己的方向，在塑造自我的過程中，就要抓住機會進行自我管理能力提升。

(1) 遇到問題勤於思考，多備解決方案。

(2) 多向上司學習，瞭解上司對自己的要求。

(3) 平時學習一些關於管理方面的書籍。

(4) 在工作當中提高對自我要求。

(5) 依靠工作年限來提高工作經驗和管理水準。

(6) 以身作則，同時嚴格要求下屬。

(7) 總結自己的缺點，加以改進。

(8) 學習、觀察、實踐。

(9) 接受新事物、新理念，不故步自封。

(10) 多參加公司開設的管理培訓、技能培訓等相關的培訓活動。

(11) 多聽取同事對自己個人的意見，有錯誤敢於及時糾正。

(12) 自修。

表 1-5　自我管理能力的提升方法

項目	內容	經常	偶爾	從不
目標志向能力	1. 經常訂立長期、短期目標，並向它發起挑戰			
	2. 達到目標後，向下一目標挑戰			
	3. 預測將來趨勢，努力達到目標			
	4. 訂立具體的計劃，以達到目標			
	5. 在瞭解公司方針基礎上，訂立部門目標			

續表

目標 志向 能力	6. 實行有計劃的生活方式			
	7. 以行動來配合目標意識			
	8. 訂立的目標不低，必須付出很大努力才能達成			
	9. 讓下屬也擁有自己的目標			
	10. 應用目標管理			
組織 能力	1. 根據下屬的能力來分配工作			
	2. 掌握每個下屬的優缺點			
	3. 積極承擔困難工作			
	4. 促進團隊精神			
	5. 良好授權			
	6. 下屬的報告與聯絡完善，對其查核徹底			
	7. 不會為自己方便而把能幹的下屬固定在職位上			
	8. 不過度干涉			
	9. 不管結果如何都能承擔責任			
	10. 與其他部門配合默契			
管理 能力	1. 業務知識豐富			
	2. 能正確掌握現狀			
	3. 對信息有取捨的能力			
	4. 決策時不猶豫不決，延遲戰機			
	5. 錢物管理完善，不浪費			
	6. 執行業務時能做到迅速、準確、簡單			
	7. 能向上司提出建設性的意見			
	8. 與關係者或交易商交涉時具有前瞻性			
	9. 談判時不感情用事			
	10. 做事有恒心			

續表

培育下屬能力	1. 能使下屬發揮問題意識及工作慾望			
	2. 能正確評價下屬的能力及適應性，並導向正確的方向			
	3. 能正確地掌握每一下屬的優缺點並告訴他們			
	4. 能利用刺激或更換工作的方法，消除職業倦怠			
	5. 能明確提出目標並促使達成			
	6. 能積極透過實際工作培育下屬			
	7. 適當放權			
	8. 有心提升下屬			
	9. 有計劃地與下屬溝通			
	10. 批評下屬會注意場所及時機			
人性魅力	1. 對待工作及生活都很認真			
	2. 知識面廣			
	3. 開朗、幽默			
	4. 情緒安定、沉靜			
	5. 謙虛並熱心傾聽別人的談話			
	6. 不欺騙別人，值得人坦誠相待			
	7. 做事小心謹慎			
	8. 具有上進心			
	9. 內涵豐富			
	10. 努力想讓自己更有魅力			
自我革新能力	1. 目標明確並付諸努力			
	2. 有能力避免職業倦怠			
	3. 保持好奇心			
	4. 善於調節情緒			
	5. 勇於挑戰體力及能力的上限			

自我革新能力	6. 自動挑戰困難			
	7. 每天都能設法誘導自己行動			
	8. 每日自我反省並自我充實			
	9. 肯為自己的將來投資			
	10. 有計劃地、持續地自我啟發			
感想				

心得欄 ‧‧‧

‧‧

‧‧

‧‧

‧‧

‧‧

第 二 章

生產主管的日常工作

1 生產部的早會

1. 早會的六大好處

⑴有利於團隊精神的建設；

⑵能產生良好的精神面貌；

⑶培養全員的禮貌習慣；

⑷提高管理者自身水準（表達能力、溝通能力）；

⑸提高工作效率；

⑹養成遵守規定的習慣。

2. 早會的效果

⑴觀察員工的氣色及參加狀況，瞭解其健康狀況與精神狀況。

⑵製造組織意識與集團（同伴）意識。

⑶製造時間意識。

⑷傳達注意事項。

⑸製造活潑明朗的氣氛。

⑹訓練作為管理者的說話方式。

3.早會的推進方法

⑴等人全部來齊之後再開會。

⑵必須嚴守開會時間與散會時間。

⑶早會時間以 3 分鐘為妥（5 分鐘以上會適得其反）。

⑷站在人人都望得到的高臺上講話（視線必須投向所有員工）。

⑸事先理順講話內容（須事先聽取各部門的匯報）。

⑹聲音要大。

⑺組長、班長站在隊列的週邊，管理閒聊、遲到、中途離去現象。

4.說話的方式

⑴先選擇一些新鮮的話題，製造輕鬆的氣氛。（約 30 秒）

①幽默；

②真實；

③貼近生活；

④有懸念；

⑤眾人皆知。

⑵言歸正傳，傳達注意事項。（約 2 分鐘）

⑶用體貼的話語、啟發性的話題做結束語。（約 30 秒）

①認可、表揚、鼓勵；

②讓他有名譽感；

③讓他感到有明確的目的、目標；

④對工作、協助表示感謝，對健康表示關心。

常言道：「3 小時的講話要準備 3 分鐘，30 分鐘的講話要準備 30 小時，3 分鐘的講話要準備 3 天」。講話時間越短就越困難。能用簡短的語言抓住大眾的心並打動大眾的，是具備偉大能力的管理者。

5.早會的內容

⑴發出號令，集合人員；

⑵人員報數點到（通過報數聲音確認人員精神狀態）；

⑶總結昨天工作；

⑷傳達今天的生產計劃和基本活動，說明注意事項；

⑸公司指示事項的轉達；

⑹鼓舞人員的工作幹勁；

⑺宣佈作業的開始。

如果班組內有輪班或上班時間不一致，就特別有必要把晨會事項傳達到下一班次，否則容易引起生產的混亂，發生問題。

6.對早會的偏失

早會是指利用早上上班前 5～10 分鐘的時間，全體員工集合在一起，互相問候，交流資訊和安排工作的一種管理方式。晨會在很多企業推行的時候，多多少少都普遍存在以下的誤區：

⑴誰有沒有來，一看就知道，何必開早會呢？

⑵把指示傳達到位就行了，何必開早會？

⑶聽那麼多與我無關的事，浪費時間；

⑷在告示板上張貼就行了；

⑸這麼短的時間，什麼事也說不清楚；

⑹開早會的時間，可以多做好幾個產品。

存在上述誤區的原因，是因為沒有認識到晨會在現場管理中具有重要的作用。

因為早會在現場管理中佔有重要的位置，所以即使佔用了工作時間也要堅持實施。

7.早會的主持

表 2-1　早會的主持

主持方式	要求說明	利	弊
生產主管主　　持	生產主管具備一定的權威性,表達能力好	能夠針對班組特性、現狀進行,針對性強	生產主管能力差距將造成班組差距
部門主管主　　持	全盤工作非常清楚瞭解	人員重視,方針政策能夠得到貫徹	管理人員得不到應有的鍛鍊,會議時間容易過長
管理人員輪流主持	管理人員瞭解他人的工作,有全局觀念	管理員工的才幹得到鍛鍊和施展	焦點分散,行動方向較難統一,團隊成長較慢
員工輪流主　　持	對員工的素質、責任心、問題意識要求高	員工參與管理提高責任心	員工放不開時,可能草草結果

　　在早會上要突出「三交」和「三查」工作,並根據當天生產任務的特點、設備運行狀況和作業環境等,有針對性地提出安全生產注意事項。

　　⑴三交——交任務、交安全、交措施。

　　⑵三查——查工作著裝、查精神狀態、查個人安全用具。

2 生產主管上、下班的工作項目

1. 上班

(1) 提早 10 分鐘上班

作為管理人員，每天必須提早 10 分鐘上班，巡視現場，做好 5S 工作，並為早會作準備，為一上班就能投入正常生產做準備。

(2) 晨會

集合所有人員，點名，互相問候。在小結昨天工作的基礎上安排今天的工作，說明基本要求和注意事項。把工作安排給下屬。

(3) 機械設備、冶工具的作業動作狀況的檢查，結果確認

為了早期發現機器設備、冶工具的不符合，用作業動作狀態檢查表來確認問題點。若有不符合的話根據其程度修理，或報告給上司等作適當的處理。

(4) 測定機器精度確認

對於本工序的測量儀器，使用工具等進行精度確認，要掌握其精度確認的重要性，不符合應採取對應的措施。

(5) 現場巡視

① 作業的觀察

為了檢查作業者是否按照標準作業進行，為了好的作業方法而進行作業的觀察。

特別是新的作業設定之後，對應者、學習者等接受的時候作業內容是否適合作業者的水準，要看是否進行所決定的標準作業，然後進行作業指導。

看作業者作業狀態的時候，要對照標準作業書，至少要仔細地觀察 10 次以上之後進行指導。

②安全作業狀態的檢查

作業者是否按安全作業的規程作業，工作環境狀態（5S、照明、溫度、通風、臺面等）是否合適。

③品質狀態的檢查

作業者是否按標準作業指導書作業並有正確的品質檢查方法。

本工序的品質保證狀況是否一天進行 2 次檢查（上午 1 次，下午 1 次），並對下一個工序和本工序內進行確認，有時也聽取組員的報告。

④零件、材料的存量檢查確認。

(6)給上司報告生產狀況等

給上司正確的傳達生產狀況，提出自己的看法意見，請求提供必要的幫助或指示，上司不在時報告給代替人。

(7)後勤事務的處理

(8)把握生產進度

每小時生產實績記錄在生產進度日報上，就能知道生產線全體的工作狀態，進度太慢的時候查明原因，採取必要的對策。

(9)出席協調會

為了進行各種情報交換，出席協調會。對於調整事項等（人員、品質、組員展開的方法，組立方法等）交流各自的心得看法。

(10)對於指示事項的實施狀況檢查

①對於臨時作業

對於臨時作業如工序試驗、生產試驗、設計變更的作業容易出現異常，這時組長和技術人員應參與首件產品的確認。必須按照設計圖紙、工序表、作業表檢查；還要按定量和日程共同進行數量檢查、在變更後的首件產品上掛標識牌，以引起相關人員注意以便其隨機應變。

②對於作業變更

改善提案被採用及作業內容變更的時候是否按照變更的內容作業，要檢查有那些內容不符合。

前工序、本工序以及下工序上有什麼問題發生，對是否要支援、確認半成品等進行指示。

③要確認新的作業者是否按照作業指導書作業

④生產進度的把握

(11)作業

員工是否按作業方法在生產線上作業。

(12)品質和異常的情報收集和反饋

要留意上工序是否有新人作業（作業不熟練者），或者本工序從今天開始大量有新人進入，或者作業熟練者休息等，這些情報要提前聯絡檢查員或下工序，對故障根據系列號碼（實際的日程安排號碼）確認生產狀況，同時要確認不良和有問題的製品出貨的地方，組長認為判斷有困難的時候集合有關部門確認現物、現狀（向上司、技術員等請求指示、呈報意見）。

(13)跟員工進行交流

尤其要跟鬧情緒的員工打招呼，讓員工消除疑慮，必要時進行交談。問候時要做到公私分明，注意和聊天的區別。

(14)設備關閉電源，打開的設備必須檢查是否關閉

(15)參加午休活動

發動組員積極地參加現場娛樂活動、午休學習會等。

(16)上午生產實績的把握以及機器、設備、工具不符合維修
　　狀況的檢查

①生產實績達不到計劃的時候，下午首先調查原因採取對策。

②不符合的機器、設備、工具是否正確地維修，午休的時候是否

傳達給負責保養的作業者。

⒄作業訓練狀況的確認，作業訓練的實施

把握現場必要的技術內容和各人的技能訓練要求之後，制訂訓練計劃，根據標準作業書實施作業訓練。

⒅實施現場巡視

⒆把握某段時間的生產實績

⒇對於提示事項實施狀況的檢查

(21)作業

(22)品質和異常的情報收集和反饋

(23)異常發生時候的對策、處理

安全——跟上司(安全專員)聯絡，接受指示。

品質——首先指示本工序對策，防止向下工序流出不良品，就異常發生的事迅速聯絡上司和檢查部等。

設備——聯絡保全部說明狀況，耗時較長時報告上司採取適當的處置。

停止時間中——時間可能長達 20 分鐘以上時，組織員工學習、開會或者對不良品返工處置等，短時間(20 分鐘以下)的停止時，指示組員進行現場清掃、整理、整頓等活動。

(24)勤務關係的處理、檢查

確認出勤狀況，批覆相關申請。

接受有關生產的聯絡事項。

2. 下班

⑴下班時的生產實績以及生產上資料的確認和匯總報告

①根據當日的生產狀況，確認實績、整理資料，通知下一班開工時進行的必要處置。

②作業日報上記錄、確認，根據這個日報記錄各種管理資料，把

握現場的問題。

　③生產實績。品質狀況統計，設備故障內容（開動率）、直接率、能動率、複合能率、測定機器精度、開工、下班點檢簿、不良統計，材料使用狀況，保護工具，消耗品使用狀況，作業員的勤怠、出勤率等。

　⑵輪班傳達事項的確認

　把輪班必要的情報記錄在白班夜班聯絡記錄簿。白班夜班聯絡記錄簿上記載以下的內容：

　①生產方面

　生產量完成的正負數；作業設定內容。

　②人事方面

　組員的異動、支援、臨時員工的入廠接收等關聯的情報。受訓者和出差者等的確認等。

　③品質方面

　下班之前總結品質不良發生時處置的情況，異常零件被納入的情報，本工序上流出的不良品處置等。

　④設備關係

　機器設備的停止次數，對於設備上的問題採取的對策。原因分析，責任者追究，對策方法或者確認等。

　⑤其他

　安全裝置的不符合，災害的有無等。

　⑶下班時的處置

　防護用具的收回、放置，工具的收拾、點檢，現場清掃的確認。

　⑷晚會

　明天的聯繫事項，安全的確認，明天休息者的確認等。

3 生產現場的班會

企業的基層管理是整個企業管理中最基礎、最重要的環節之一，只有做好基層管理工作，企業的根基才會牢固。扎實的基層管理是一個企業健康發展的必備條件。

基層管理有六項工作重點，即班會、整理整頓、工作教導、績效考核、QCC 活動、改善提案活動，而班會則是基層管理工作的首要重點。通過班會，一方面可以持續傳播企業的企業文化，改變員工的行為、觀念，培養良好的習慣；另一方面可以培養主管的領導能力，帶動部門氣氛及提供良好的溝通管道。

班會看似是小問題，但卻是基層六項管理工作的重中之重，如果真正讓班會活動發揮功能，將會給企業管理的提升打下堅實的基礎。

1. 班會的召開原則

開會就是集合眾人的智慧與經驗而欲達到某一目的的一種「工作」方法。任何的「工作」均一樣，事前有良好的計劃，充分的準備，就容易達到效果，開會也是一樣。不開無準備的會，不開無目的的會議，可開可不開的會議就不開；不開多議題的會，每次會議只解決一個中心議題，重點多了自然也就沒重點；與議題無關的人員不要參加會議。

2. 如何開好班會

(1)班會是最基層的管理活動，所以必須由最基層的生產主管來主持，因為他們最瞭解基層的情況與動向。其他主管可以根據情況列席班會，也可以作有關發言，但不能越俎代庖。只要很好地運用班會這一管理活動，就可以起到事半功倍的成效。

　　(2)班會的頻率一般為每班 1 次，每次 15 分鐘左右，要定時舉行。如果是日班制的企業，班會也稱之為早會。對於多班制的企業，一般每班前要開班會，叫做班前會。現在，有很多多班制企業規定上班前和下班後都要開班會，即班前會和班後會。建議最好不要開班後會，因為下班後員工要進行清理、清掃工作，如果這些工作做完後再開班會，時間太長，會影響員工的休息；如果為了開班會而影響了清理、清掃工作，反而得不償失。同時，生產主管在收集本班的相關數據時也會太緊張，會影響對數據的總結、分析，反而達不到效果。

　　(3)班會的內容要具體，一般包括教導、理念及目標等內容，大致分配如下：

　　①教導 50%：包括作業規範說明、標準化工作、安全生產、品質異常及個人品質、效率總結。

　　②理念 20%：包括工作教養、作業習慣、品質理念等。

　　③目標 30%：包括生產安排、品質目標、政令傳達等。

　　(4)要有班會管理制度和班會報告單，這是班會成敗的關鍵所在。班會管理制度是規範班會活動酌一個綱領性文件，可以使班會活動規範、有序地進行。班會報告單則要求生產主管在開班會時有準備、有步驟地進行，而不是生產主管想到那兒就去那兒，從而達到班會所要達到的目的。

　　(5)要對班會的主持者事先進行培訓。生產主管要學會如何組織隊列、如何控制音量、如何調節氣氛、如何鼓勵下屬、如何進行總結。

4 如何進行交接班管理

交接班管理的任務是做好工作崗位工作銜接，確保安全、均衡地生產。生產主管應在每次的交接班時做好自己的工作。

生產主管每天到達企業後的第一件事，就是去生產現場。提前到達現場，從品質、產量、交貨期和人、機、料、法、環等角度把握上一個班的狀況，做到上班之前就對工作安排心中有數，意外事情提前聯絡、及時處理。

為了更好地掌握現場和上一個班的狀況，生產主管至少要在規定上班時間之前 15 分鐘到達現場。

1. 工作預交接

提早到達現場的目的就是把握現場狀況、進行工作的預交接。

例如，發現上一個班某台設備壞了，作業員工正在協助維修人員進行搶修，依情況看不可能馬上修好，這時，生產主管就應該把本班該崗位作業員工緊急叫到現場，提前介入、掌握狀況，儘快接手。這樣，就能確保在上一個班下班後本班能夠順利地把工作進行下去，避免由於交接不及時帶來時間和進度上的損失。

只有提早到達現場並進行工作預交接，生產主管才能根據實際情況恰當地調整當日的工作安排，提高班前會安排的針對性和有效性。一般來說，熟練的生產主管至少要提早 15 分鐘到達生產現場，新上任的生產主管至少要提早半小時到達生產現場。

2. 正式工作交接

工作交接也稱「交班」，一般發生在相同作業場所、執行同一個生

產計劃、使用相同設備進行交替作業的班組之間，由前後相連的出勤生產主管共同進行。根據實際需要，有時班組骨幹或相關作業員工也需要參與。

3.交接管理是狀態管理

前後勤務的工作交接是生產主管的基本工作任務，其目的是為了確保工作的順利進行，避免因資訊不暢導致工作受阻。

對交班的生產主管而言，完成工作交接才能算當日工作的完結。交接到位是交接班的基本要求，所以對交接班要做狀態管理而非時間管理。

接班的生產主管必須做到交接之後對當班工作安排心中有數，尤其是對產品要求、4M1E變化點的應對、轉產安排等重要事項必須做到心中有數。

(1) 交班

①交班人：交生產主管。

②交班前技術要求：一小時內不得任意改變負荷和條件，生產要穩定，技術指標要控制在規定範圍內，生產中的異常情況得到消除。

③設備要求：運行正常、無損壞。無反常狀況，液(油)位正常、清潔無塵。

④原始記錄要求：認真清潔、無扯皮、無塗改、項目齊全、指標準確，巡迴檢查有記錄，生產概況、設備儀錶使用情況、事故和異常狀況都記錄在記事本(或記事欄)上。

⑤其他要求：為下一班儲備消耗物品，工器具齊全，工作場地衛生清潔等。

⑥接班者到崗後，詳細介紹本班生產情況，解釋記事欄中寫到的主要事情，回答提出的一切問題。

⑦三不交：接班者未到不交班，接班者沒有簽字不交班，事故沒

有處理完不交班。

⑧二不離開：班後會不開不離開工廠，事故分析會未開完不離開
生產工廠。

⑵接班

①接班人：接生產主管。

②到崗時間：提前 30 分鐘。

③到崗檢查項目：生產、技術指標、設備記錄、消耗物品、工器
具和衛生等情況。

④班前會時間：提前 20 分鐘。

⑤參加班前會要求：聽取交班值班主任介紹生產情況，接受本班
組值班主任工作安排，彙報到崗檢查到的問題。

⑥接班要求：經進一步檢查，沒有發現問題則及時交接班，並在
操作記錄上進行簽字。

⑦接班責任：工作崗位一切情況均由接班者負責，將上班最後一
小時的數據填入操作記錄中，將技術條件保持在最佳狀態。

⑧三不接：工作崗位檢查不合格不接班，事故沒有處理完不接
班，交班者不在不接班。

心得欄

----

5 生產主管的週工作（週報）計劃

1. 現場教育的實施

各管理技術的學習會，新產品組裝學習會，危險預知訓練，設備導入學習會等現場上必要的訓練計劃實施。共同進行工作，技術指導。

2. 出席生產率提高會議

出席之際進行資料的總結整理（提高稼動率，降低原價狀況），根據內容（例如，標準時間出的項目等）生產課的技術員參加。

3. 提案審查

兩班的情況加在一起確認（水平測量）時看現場確認。

4. 週報做成

整理必要的資料、研究。

5. 試作展開說明會議

根據場合包括現物確認。

6. 出席各種研修會

根據實際確定。

7. 出席突發的各種會議

根據事件的嚴重性做好準備，準時出席。

8. 與技術員檢討

品質、設備、工裝夾具的問題點研究和對現場管理的方法進行研究。

9. 員工的培養、指導

根據新進員工的層次進行培訓。

6 生產主管的月工作(月報)計劃

----

1. 出席生產率提高會議(維護會議、降低成本會議、品質提高會議)

⑴根據情況進行現物確認；

⑵初期由技術員負責進行，最後由組員展開。

2. 作業設定的返工

進行下月的人員計算，異動支援等的研究，進行新作業設定。

3. 總結月報

總結上月的生產關係的管理資料。

4. 安全巡視(課內)的實施

⑴現場內的整理、整頓、安全動作，班組佈局，貨物的擺放等改善；

⑵工廠結果的總結報告。

5. 出席安全會議(展開組內安全集會)

⑴前月度的各組安裝狀況；

⑵聽取工廠、安全會議的報告(其他的工廠災害事例)；

⑶聽交通安全推進委員會的報告。

6. 各種輔助材料的申請(包括事務消耗品)

⑴在庫檢查申請預測；

⑵保護具、補助材料等；

⑶ 1 回/月、1 小時/回。

7.出席聯絡會

下月的人員配員、生產任務、工時計算、下月的方針、當月的反省，對於組別的工作計劃。

8.提案的審查

審查相應級別的提案。

9.勤務管理的實施

組員的勤務狀況給予連接。

7 生產主管的年工作(年報)計劃

表 2-2 生產主管的年工作(年報)計劃

月	項 目	內 容
1～2	反省年度方針和目標	上年度的業務完成狀況成果以及反省事項確認
3	培訓新員工	根據配員定額進行接收準備，檢討培訓教育方式
4	制定年度方針和目標	對安全衛生，品質向上，減少原價，生產率提高，出勤率，QCC，提案，現場教育等
5	審定評價	上年度下期的實績(職務等級的平衡)確認，出席審定調整會議
6～7	全國工作安全水準	現場的 6S，不安全因素消滅，安全事故宣傳畫的作成，參加安全宣傳活動
8～9	公司內技術比武大會	為了提高選手的技能而訓練，擔當者出席會議，訓練計劃的立案實施，制定提高技術的措施

續表

9～10	環 境 衛生水準	環境改善。清理、清掃、整頓，營造清新衛生舒適的工作環境
10	審 查 評價(年終)	當年度上期的實績(職務等級的平衡)確認，作成審定案在系內的調整會議上出席
11	品質月活動	品質向上活動，不良品的展示，推移圖的作成，作成宣傳畫，學習新的 6Sigma 方法
每月	標準的修正	標準作業書，技能基準書，其他業務完成上必要的各種標準經常審核確認，讓員工徹底地掌握

8 生產主管的重點工作項目

目標制定出來後，我們還必須通過管理項目的方式監控和達到目標。所謂管理項目指可以客觀反映某項工作狀況的參數。如不合格率、生產達成率等。管理項目是對工作進行客觀評價的基礎。

因為管理項目的設定和推移圖能很好地反映一項工作前後的變化狀況，可以根據這個變化來判定工作質量是好轉還是滑坡；工作量是增大還是減少了，是否需要增加人手等等。因此，根據企業的經營方針和目標，結合自己部門的具體情況建立一套管理項目，並進行日常記錄及管理是非常重要的。

只有明確各部門的管理項目，員工才能方向一致地為「項目」工作，而不是為某個人的指令來工作。因為有了管理項目，所以作為上司評價下屬的工作也有一個明確的尺度，減少主觀的偏差。同時，要達成管理項目必須要全力以赴地努力工作，僅知溜須拍馬、做表面文

章的人必然呆不下去，而那些肯腳踏實地、有真才實學的人管理者卻能夠心情愉快地在團隊中發揮自己的才幹。

表 2-3 列出了工廠的一些常用管理項目，請根據企業自身的特點進行調整，以便能正確、合理、高效地把我們每一天的工作管理起來！

表 2-3　工廠中常用的管理項目

分類	序號	項　目	計算公式
效率 （P）	1	生產率	產出數量/總投入工時
	2	每小時包裝數	包裝總數/總投入工時
	3	日均入庫數量	實數值
	4	日均出庫數量	實數值
	5	日均檢查點數	實數值
	6	日均裝車數	實數值
	7	日均卸車數	實數值
	8	總標準時間	各工序標準時間之和
	9	流水線節拍	（品種不變）
品質 （Q）	1	工程內不合格率	工程內不合格數/總數
	2	一次合格品率	一次合格品數/總數
	3	批量合格率	合格批數/總批數
	4	進料批量合格率	合格批數/總批數
	5	客戶投訴件數	實數值
	6	不良個數率	返品個數/來料個數
	7	內部投訴件數	實數值
	8	內部投訴數量	實數值
交期 （D）	1	延遲交貨天數	實數值
	2	完成品滯留天數	完成品平均在庫金額/月平均銷售金額
	3	按期交貨率	按期交貨批數/應交貨批數
	4	總出貨量	實數值
	5	各品種出貨量	實數值
	6	生產計劃完成率	按計劃完成批數/總批數

設備 （E）	1	時間稼動率	（負荷時間－停止時間）/負荷時間
	2	運行利用率	有效運行時間/運行時間
	3	故障件數	實數值
	4	平均故障間隔時間	運行時間合計/停止次數
	5	平均故障時間	故障停止時間合計/停止次數
	6	故障件	數實數值

9 生產主管如何達成重點工作

生產主管在眾多的工作中要分析判斷那項工作是重點的、關鍵的，這可以從市場、客戶的反映來決定，也可以從公司的經營思路、發展規劃角度來考慮。這項工作確定後，我們進一步檢討圍繞著這項工作有那些參數可以評價它，即它的管理項目是什麼。然後通過調查、收集數據資料，來分析目前的現狀，把握問題所在，最後根據本身的資源條件、內外環境的期望和要求確定合適的目標。

目標確定後，我們由此就可作出實施計劃書，然後按計劃進度推進和開展工作。

在工作中你是否碰到這樣的問題：

1. 某個設備壞了，停在那裏等你報修；

2. 上司讓你馬上給他整理一份近期生產記錄；

3. 有位員工生病了，要安排別人來頂工位；

4. 有個物料遲遲沒到，半個小時內就要停線了；

5. 某個產品馬上生產了，作業指導書還沒來得及做……

圖 2-1　確定合適的目標

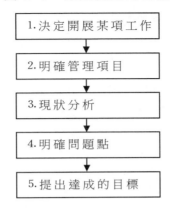

1.決定開展某項工作

2.明確管理項目

3.現狀分析

4.明確問題點

5.提出達成的目標

表 2-4　管理項目和目標的關係

No.	工作	管理項目	現狀	問題點	目標
1	降　低不　良　率	① 零件不良率 ② 工程內不良率 ③ 成品不良率	① 2.3% ② 1.9% ③ 0.8%	外觀不良佔總不良的81%	外觀不良半年內降低60%
2	提高生產能　力	小時產量	100台/小時	表面處理等待時間0.2小時/批	表面處理等待時間0.05小時/批
3	提高設備效　率	設備停止時間	11.2小時/月	跳閘佔63%	三個月內減少50%
4	提高包裝效　率	日均包裝數	1000台	備料時間浪費30%	三個月內由30%減少到10%
5	提高出入庫　精　度	賬物不符率	3.5%	包裝材料賬物不符佔45%	半年內達到2.5%以下
6	目視管理活　　動	實施點數			200點/月
7	現　場活　力　化	人均提案件數	0.9件/人	製造部人均提案0.1件	三個月內達到1.5件/人

在這種情形之下，焦頭爛額、疲於奔命的感覺，確實令人沮喪。因為生產主管常有日常事務，日常事務是多而繁雜的，沒有好的技巧，就會事倍功半。所以，在工作中能否抓住重點，是能否勝任生產主管這個角色的關鍵。

重點管理來自柏拉圖的「重點的少數」理論。換言之就是只有 20%的工作，卻佔用了你工作 80%的重要性；另外 80%的工作，都是次要的，只佔 20%的比重。

對於日常的事務性工作，我們首先要進行盤點和思考，將那些「重要的少數」尋找出來，首先完成他們。「重要的少數」的判斷基準可以從以下方面考慮：

· 影響後序工作的事務；
· 有牽連影響的跨部門工作；
· 影響指標指數的事務；
· 上司特別強調的方面；
· 員工、下屬關注的工作。

以上五種工作要優先實施，重點管理。當然其餘的工作並非是不用做，而是將有限的資源和精力作合理安排。

圖 2-2　重點管理

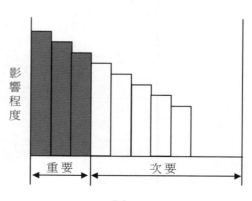

第 三 章

生產主管為何要到現場

1 現場管理的要求

狹義的現場管理，主要是指對生產一線的環境衛生、物流配置和工裝工具等方面的管理和規範，其中 5S 管理是其主要的手段。廣義的現場管理，除了上述方面以外，還涵蓋了一切直接針對生產現場的管理活動，其核心是安全、品質、成本和交貨週期。

作為最基層的管理人員，生產主管在現場管理的過程中發揮著極為重要的作用，他們直接面對著一線的操作人員和產品製造過程，培養一線生產主管的現場管理能力，使其掌握各類現場管理的工具和方法是非常有必要的。

1. 熱愛自己的職業

做好現場管理工作，要求生產主管首先要熱愛自己的職業。

⑴要熱愛現場，要認識到現場是自己能力發揮的舞臺；

⑵要熱愛產品，關注自己辛勤工作的成果；

⑶要熱愛下屬,因為下屬成長是每個生產主管最大的成就。

2.走動式管理

不能只聽彙報,應經常巡視現場,隨身攜帶小筆記本記錄相關事項。改善是從確認問題開始的,一旦認識清楚了,可以說問題的解決就已經成功了一半。

3.實事求是

作為生產現場承上啟下的管理人員,生產主管一定要有實事求是的工作態度,對於上司的一些不合適的決策,甚至一看就知道是錯誤的決策,如果不願意向上司提出並尋求合理的建議,而是一味的盲從,就會在服從了上司指示的同時,失去下屬的信任。正確的做法是要向上司及時提出,在維護上司尊嚴的同時,儘量讓上司收回或修改成命,即使上司一意孤行,也要耐心溝通和協調,不管最終的做法如何,都會得到下屬和上司的理解。

4.合理分配工作

把工作合理地分配出去,當工作進展不利時,要勇於反省和承認自己的錯誤,把權力下放給下屬,把責任放在自己的肩上承擔,這樣才能讓下屬放開手腳,大膽工作。

5.用人不疑

不要事事參與和過問下屬的工作,更不要總是監督下屬的工作,否則自己疲於奔命不算,下屬也會因此放棄自己的創造性,完全按照上司的「正確指示」去工作,不再運用自己的常識、經驗甚至靈感。要讓下屬在摸索中成長,給他們足夠的信任和寬鬆的環境。

6.認真傾聽

不要輕易地用一個「不」字去否定下屬的建議。一般來講,下屬經過深思熟慮提出的建議一旦被輕易的否定,就很可能使他失去創造的信心。認真的傾聽和討論則有助於下屬認識自已的不足,並有信心

繼續充實和提高。

7.維護下屬的自尊

　　頻繁地指責下屬的能力，或者讓下屬難堪是非常不明智的做法。因為下屬的能力如果比你還強，那麼坐在生產主管位置上的就可能是他了，應該對下屬給予耐心和信心，直到幫助其克服工作中的困難。要學會稱讚下屬，尤其當著很多人的面稱讚下屬，會讓人覺得獎罰分明，更願意跟隨。

8.給下屬製造機會

　　現代的工業化生產，已經逐步開始由大工業化時代的簡單重覆性勞動向注重一線創新的方向轉變，許多跨時代意義的技術革新和方法提升，都來源於一線的力量。所以一定要不斷地給下屬製造機會，讓下屬明白，一切通過努力換來的進步和改善都將得到認可和肯定。

9.言行一致

　　一線的產業工人，幾乎是想法最簡單的群體，他們往往更信賴生產主管的判斷和觀點，而信賴產生於生產主管的言行一致。所以不要輕易對下屬許諾，能夠說到做到當然是對下屬莫大的激勵，但如果說到卻沒有做到，就會失去下屬的信任，後果會嚴重得多。

心得欄

2 當問題發生時，先去現場

生產現場是企業的主戰場，是公司實現增值和利潤的場所，企業的主要活動都是在現場完成的。現場是企業活動的第一線，也是最易滋生問題的場所；現場管理是企業生產運作管理的有機組成部份，直接影響產品品質和企業效益。

1. 為什麼要先去現場

現場管理，就從走出辦公室開始。

現場總會有各種各樣的問題。生產主管在面對問題時，會選擇先聽簡報、看資料，然後分析數據找解決辦法，但是這樣也許會讓你失去瞭解第一手資料的機會。而且，如果得到的資料和數據不全面或者不確切，就會影響管理者決策的方向，最終延遲解決問題的時機。

要想解決問題，就要先到問題發生的第一線去。不僅能掌握第一手資料，更具權威性，並能親自瞭解實物，幫助快速決策，同時還鼓舞了士氣，贏得信任和忠誠。

2. 面對問題的心態

作為管理者，誰也不願意看到現場出問題，但事實是：誰也無法避免現場出問題，所以，優秀的管理者在面對現場問題時，一定要保有良好的心態，你的心態決定著你處理問題的能力。管理者應該擁有以下五大問題意識：重覆發生的問題就是作風問題；不怕出問題，就怕沒問題；解決問題就是抓住機遇；掩蓋問題就是製造危機；一切問題都是人的問題。

3.牢記「三現兩原」主義

「三現兩原」主義，是對廣為流行的「三現主義」——「現場、現物、現實」演繹後的擴展。

「兩原」中的原則，指的是相關的操作技術和專業知識，原理指的是現場管理者秉承的精神理念，「兩原」為管理者主觀評估「三現」提供理論和實際的標準。

「三現兩原」主義運用非常廣泛，特別是針對現場發生問題後，是追查問題的本質原因並將之徹底解決的一把利劍。它應該是每個現場管理者都了然於胸，運用純熟的必備工具。

圖 3-1　「三現兩原」主義

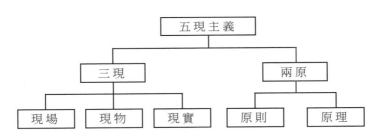

綜上所述，當問題發生時，管理者應第一時間趕赴現場，保證用積極的心態面對問題，牢記「三現兩原」主義，爭取準確、快速地解決問題！

4.在現場檢查所有相關物件

現場管理中一個很重要的概念就是：現場出了問題要立刻解決。現場發生的問題，往往都是錯綜複雜的。這個時候，管理人員要第一時間趕到現場，瞭解情況，分析原因，拿出決策方案。而仔細檢查所有的相關物件，對於拿出決策方案是非常關鍵的。

在著手做檢查之前，現場管理者至少要先從兩個角度思考問題。首先要明確產生問題的異常情況是存在的；還要分析這個異常情況，

跟需要達到的目標或者要求，有多大的差距；然後才能通過檢查物件，結合相關現象，思考為什麼會有此問題發生，以及如何解決；最後，在此基礎上，開始著手檢查。這樣可以幫助管理者在檢查中少做無用功。

由於目前的迫切需求是為了先拿出暫時性方案，解決手頭的問題，所以檢查側重的是專業檢查、單向檢查。檢查應優先從物料和設備兩方面入手。

在檢查物料和設備的時候，管理人員要做到「看」「做」「想」相結合。看，就是仔細考察現場；做，就是要能親自動手檢查現場；想，就是在檢查的過程中要多思考、多總結。

只有這樣才能抓到問題的本質，達到最終解決問題的目的。現場管理人員雖然可以做救火隊員，但是不能總是常做救火員。

為了發現問題解決問題，在檢查設備和物料的基礎上，管理人員應該養成同時關注環境和人員的意識。有些企業物料和設備都沒有問題，但是環境造成的隱患，會在物料或者設備上反映出來。這時候就不能僅僅只是簡單地去搬物料或者修設備了，還要追根究底，找源頭，查根由。

一切管理問題其實都是人的問題，所以在現場檢查物件的時候，也應該適當注意一下人員問題。畢竟，物料和設備管理的準則，都是由人來實施的。管理者的這種自覺，有助於暫時解決問題之後，挖掘真正的問題根由，徹底解決問題。

5.檢查相關物件的三大原則

經過檢查，管理人員基本上都能明瞭問題所在。這個時候針對具體問題，管理者根據自己的經驗、閱歷，也應該能拿出相應的暫行解決辦法了。

一般來說，現場已經發生問題可以分為兩個方面：一個是人員本

身的問題,一個是作業的問題。

管理者要本著以解決根本問題為出發點,遵循檢查相關物件的基本原則,才能在遇到問題的時候,既能快速、高效地提出暫時解決的方案,又能找到問題的根源,達到最終解決問題的目的。做到有問題立刻解決,解決後同類問題不再出現,是一個優秀的現場管理者應該具備的職業能力。

6.現場採取暫行處理措施

通過檢查現場發現和查明問題後,為將損失降到最小,現場管理者必須在現場對發現的問題採取暫行處理措施。一般要遵循以下兩個原則:

(1)發現問題後,及時解決

事故現場管理人員應當迅速果斷地採取應急措施,糾正問題,組織搶救,防止事故擴大,減少人員傷亡和財產損失。然後按照企業有關規定儘快向上級負責人如實報告或根據問題的性質決定是否向當地有關部門反映。

(2)有賞有罰,以理服人

對表現優秀的員工進行表揚或獎勵。獎勵遵守規章制度的員工時,可以物質激勵和精神激勵相結合。

對存在的違章、違紀作業行為進行現場制止、糾正,對引起問題或事故的員工進行批評或懲罰,使其充分認識到違章作業的危害,避免再次犯錯。

3 適時巡查現場

生產主管在生產現場，按一定的時間間隔，對製造工序進行巡迴品質檢查。

1. 現場檢查內容

這種檢查不僅要抽檢產品，還須檢查影響產品品質的生產因素（4M1E——人、機器、材料、技術方法、環境）。巡檢以抽查產品為主，而對生產線的巡檢，以檢查影響產品品質的生產因素為主。生產因素的檢查內容包括：

(1)當操作人員有變化時，對人員的教育培訓以及評價有無及時實施。

(2)設備、工具、工裝、計量器具在日常使用時，有無定期對共進行檢查、校正、保養，是否處於正常狀態。

(3)物料和零件在工序中的擺放、搬運及拿取方法是否會造成物料不良。

(4)不良品有無明顯標誌並放置在規定區域。

(5)技術文件(作業指導書之類)能否正確指導生產，技術文件是否齊全並得到遵守。

(6)產品的標誌和記錄能否保證可追溯性。

(7)生產環境是否滿足產品生產的需求，有無產品、物料散落在地面上。

(8)對生產中的問題，是否採取了改善措施。

(9)操作員工能否勝任工作。

⑩生產因素變換時(換活、修機、換模、換料)是否按要求通知質檢員到場驗證,等等。

2.現場檢查要求

(1)應按照企業規定的檢驗頻次和數量進行,並做好記錄。

(2)應把檢驗結果標示在工序控制圖上。

3.現場檢查方法

(1)靈活使用每日作業實績表

作業實績表是對員工每日工作內容的詳細記錄,是現場品質控制的寶庫,生產主管透過每日查核作業實績表,可以有效地掌握員工的工作進度,同時能從作業實績表中發現工作中存在的品質問題並加以改善。

以下是 S 企業的某生產現場員工的「每日作業實績表」,供生產主管可參考。

表 3-1　A員工作業實績表

日期:

作業週期	作業內容	所花時間	作業價值	備註
8:00～ 12:00	A產品品號的選別	4小時	不產生價值	A產品品號的選別作業是不能向客戶要求代替的
13:00～ 15:00	參加工作會議	2小時	不產生價值	會議,客戶也不買單
15:00～ 16:30	B品號的打孔	1.5小時	產生價值	90分鐘打了470孔可直接為公司賺到200元
16:30～ 17:00	A品號的選別	0.5小時	不產生價值	
分析說明	A員工當日有價值的工作只有1.5小時,所以對員工工作實績的檢查就從其餘的6.5小時作業內容開始著手			

(2)早上 30 分鐘全區巡查

生產主管每日無數次地在現場奔波巡查，鞋都跑破了，結果一個問題也沒有發現和解決。原因就在於在巡查時自己心中沒有數，不明確每次去現場巡查的目的和內容，也就只有瞎忙活了。所以生產主管在巡查時必須先確定巡查的內容，也就是每次去現場前，先問一下自己，這次我要去幹什麼？

早上 30 分鐘全區巡查方法：

①帶上你的接班人。

②發現不合理讓你的接班人去處理。

③發現與品質有關的問題，嚴格對待，並指示到個人。

④一時不能明瞭的問題，立即派人去調查。

⑤然後召開現場會與相關負責人共同評價剛才所發現的工作問題，並立即下達新的指示。

⑥對看到的人際關係的不和諧處也應給予協調和明確的指導。

(3)下班前 30 分鐘全區巡查

下班前 30 分鐘巡查方法：

①仔細檢查機器運轉情況。

②以數值掌握不良品的發生情況。

③觀察從業員的受傷或健康狀態。

④聽取有關工作遲延、製品不良，以及與其他部門之間的糾紛等當日問題點的報告。

⑤綜合這些問題點，部門之間的問題親自聯絡並及時向員工回饋聯絡進度。

⑥計劃第二日的工作：

a.因計劃變更第二日工作內容更改須告知所有組員；

b.為第二日工作準備材料、機器、工模、工具等。

4.現場巡查必帶工具

生產主管要想使自己的每一次現場巡查都產生價值，那去現場時就必須帶上能發現問題和解決問題的工具。這些工具都簡單、好用又方便攜帶，是現場品質控制不可或缺的有效工具。具體包括以下七種：

(1)觀測工具──碼錶

對進行中的作業時間和速度進行觀測，能立即發現時間上的不合理現象。

(2)測量工具──捲尺

對工位佈置和作業空間高度進行測量，能及時得出高度和距離上的不合理情況。

(3)計量工具──計數器

主要是手壓式計數器，用來及時瞭解生產數量與目標數量的差距。

(4)記錄用具──記錄紙和原子筆

用來記錄在現場看到的不良情況和分析作業時間。

(5)夾持工具──文件夾板

用來夾持記錄紙，以方便在現場巡查過程中的記錄工作。

(6)計算工具──小型計算器

能在現場對測量、觀測的結果進行及時計算。

(7)聯絡用具──各相關部門聯絡表。

一旦在現場發現有與其他部門相關的問題時可以及時進行聯絡，以加快問題解決的速度。

4 生產主管在現場的管理方法

作為企業現場管理活動的主要參與者和執行者，生產主管在管理的過程中需要遵循一些最基本的方法和原則。這些方法和原則將對他們提高現場管理的效率和效果很有幫助。

1.深入生產第一線

這是生產主管抓好現場管理的首要原則。作為一線最基層的管理人員，生產現場是理所當然的工作現場，同時，一線出現的問題都是和現場密切相關的。每當問題或異常發生時，生產主管應當到現場去進行詳細的檢查，要重覆地多問幾個「為什麼」，只有通過深入現場，觀察實物才可能找出問題的真正原因，並且盡可能地給予當場解決。

2.當場採取暫行處理措施

生產現場最忌諱的做法是不置可否、久拖不決。因為一線的生產活動是連續性的過程，個環節出現的問題，一般都會影響到整個運行系統的正常進行。此外，如果不能果斷地進行處理和糾正，就會使差錯延續，進而擴大不良品的數量和範圍，造成更大的不力後果，嚴重的會造成整個產品出現品質問題，或者延誤交貨週期。生產主管在現場管理的過程中，遇到突發事件或者事先沒有設定解決預案的事件，一定要果斷地進行快速決策，超出自己決策範圍的，要第一時間彙報給上級進行解決，對可能影響產品的品質或者人員安全的，要果斷地中止操作活動，等待指示明確後再恢復。

3.通過實行標準化防止問題再次發生

標準化是現場管理工作得以持續改進的重要手段。生產主管通過

現場的一線調研和努力，很多問題都可以得到有效的解決。但要保證不會因同樣的原因再次重覆發生，就必須對新制定的程序進行標準化的工作。

　　現場的標準化工作要按照「S-D-C-A」的循環進行（將 P-D-C-A 中的 P 用 S 替換），即「標準化-執行-檢查-處置」，使改善的效果得以維持。在這樣的模式下，任何異常都會衍生出改善和創新的主題，並最終產生新的標準或者提高現有的標準。生產主管必須時刻有標準化的意識，否則就可能變成生產現場的救火隊員。

4.確保各項資訊資源迅速接受、傳達和實施

　　作為基層的管理人員，生產主管要組織好一線的生產活動，保證產品按照預定的時間和路線進行生產。除此之外，生產主管的一個重要角色就是保證現場資訊的對稱和暢通。一線的生產進度、品質狀況和設備運行等資訊要及時地回饋給上級管理層，以輔助做出決策，同時要把上級管理層的各類管理指令、企業的文化理念，以及不同時期的經營指標和目標不折不扣地傳達到一線的操作層面，並組織實施。作為上傳下達的主要人員，生產主管的作用對保證企業整個體系內部的資訊暢通起著非常重要的作用。

5 日常的現場管理要點

日常的現場管理是我們每個管理者在每天的活動中最普通的工作，也是我們圓滿地完成生產活動不可缺少的工作。進行生產活動要經常掌握現實的情況，發現問題馬上糾正，正是通過這樣扎實細緻的日常工作減少了異常的發生，即使出現異常也能夠及早發現。

你所管理的班組工作進展很順利，或者看起來很順利，這是否是偶然的原因？日常工作沒做好時，工作進展一般都不會順利。

本工序的不良品要是流到後工序，或者直接流到客戶那裏，其影響和損失是難以挽回的，管理人員的監督工作，要細到關注每個作業者是否正確完成每一步作業。

1. 重視所有管理項目

完成生產目標的過程是從徹底的標準作業開始到所有班組都具有積極工作的環境，注意所有管理項目，不能忽視任意一個。

這些管理項目當中缺少任何一種都不能達成所希望的生產目標。對於每個項目還要掌握異常，作為異常發現後的對策，必須在嚴重的不合格發生之前行動。

2. 決定重點管理項目

管理項目的重要度根據現場或者當時的狀況而不同。

決定管理的優先順序位，自己的班組中「不給下個工序或客戶添異常」，根據這樣的原則確定重要的項目。決定重點管理項目的時候，要跟上司、跟有關部屬充分商量，調整並抓住工作重點。

3.管理的制度化

對管理工作進行制度化，做到有章可循，有制度可依。這樣的事有成為習慣的必要，這叫做管理制度的習慣化。為了瞭解自己的班組最適當狀態和特殊的狀態，平時就有必要量化和進行制度化的工作。

6 日常管理的進行原則

班組的日常管理是管理者進行正確的管理所必需的工作，是為了使人、物、財、資源等要素發揮最大作用。管理者現場管理進行的各種活動，都是為了達成具體目標所開展的工作。

現場管理是品質、作業、安全衛生、成本、設備等一切的管理，為了達成具體目標，所使用的一切資源都可成為管理對象。

就作業管理來說，作業管理的目標裏有為生產計劃的達成和生產效率提高的目標。下面以組裝作業的生產計劃達成作為例子來分析。

P(計劃)：要達成生產

在組裝線上，根據人員數和生產體制決定生產線的速度。組長對本組的人員合理調配，使全部作業者在節拍內要製造出成品，這樣的體制有制定計劃的必要。

D(實施)：實行計劃→作業設定

若生產節拍之中工作要圓滿地結束，必須要有熟練的作業設定。

為了更好地生產，作業者每個人必須充分發揮自己的能力。設定水準的高低對於作業者負荷影響很大，不合理的設定造成更多的浪費、不均衡，進而影響品質、生產的達成率，根據作業者每個人的能

力以及作業內容熟悉的程度組織管理體制是非常重要的。

C(檢查)：調查目標和實績的差距

在新的作業設定之下開始了生產，作為組長，要非常注意新的設定，作業者在節拍內工作是否圓滿地結束。

如果目標和實績沒有差距，作業者是否出現不合理，作業內容也要檢查。

A(行動)：採取對策或者改善

如果有什麼差距的話，應馬上採取對策，若當場不採取具體手段的話，容易成為更大的問題，可借助所有人的力量想出方法。

如果沒什麼問題，就進行提高生產能力的作業訓練或挖掘生產方式的水準向上的改善方案。

生產主管應該制定每天的行動計劃，不斷提醒自己往目標邁進。

7 把握生產現場的變化

事物每一天都在以某種方式發生變化。變化點管理是現場管理中的重要內容，其目的是預見性地發現問題，在事故、故障和損失出現之前即採取主動性的改善行動。把握現場變化點一般是從 4M1E 開始的。

1. 4M1E

在生產加工中，對同一工序，由同一操作者，使用同一種材料，操作同一設備，按照同一標準與技術方法，加工出來的同一種零件，其品質特性值不一定完全一樣。這就是產品品質的波動現象，而引起

這種品質波動現象的主要因素是人(Man)、機器(Machine)、材料(Material)、技術方法(Method)和環境(Environment)，簡稱為4M1E。

(1) Man——人

人，任何機械加工都離不開人的操作，即使最先進的自動化設備，仍需人去操作和控制。

造成操作人員失誤的主要因素	1. 品質意識差 2. 操作時粗心大意 3. 責任心不強 4. 不遵守操作規程 5. 操作技術不熟練等
預防和控制措施	加強品質意識教育，提高責任心，並建立品質責任制 進行崗位技術培訓，熟悉並嚴格遵守操作規程 加強自檢和首檢工作 採用先進的自動加工方法，減少對操作人員的依賴 廣泛開展QCC品管圈活動，促進自我提高和自我改進能力

(2) Machine——機

機，機器設備是保證工序生產出符合品質要求的產品的主要條件之一。

機器設備影響工序品質特性的因素	機器設備的精度保持性、穩定性和性能可靠性 配合件的間隙 定位裝置的準確可靠性等
消除機器設備造成品質波動的措施	加強設備維護保養，定期檢測設備的關鍵精度和性能項目，建立設備日點檢制度 採用首件檢驗，核實技術裝備定位安裝的準確性 儘量採用定位裝置的自動顯示系統，以減少對操作者調整工作可靠性的依賴

(3) Material——料

料，在生產加工中，由於工件材料的餘量不均勻或硬度不均勻等，都可引起切削力的變化，讓工件產生彈性變形，從而影響工件的加工精度。對此應採取的控制措施有：加強材料的檢驗，提高毛坯的精度，合理安排加工工序。

(4) Method——法

法，技術方法是實現加工製造的關鍵。正確的加工方法可以指導生產出合格的零件。但由於不嚴格貫徹執行正確的技術方法，違反技術規程則容易造成產品品質波動。技術方法的控制和防誤可採取以下措施：

①制定正確、合理、先進的技術方法。

②優化技術參數，保證加工品質，提高生產效率。

③保持技術裝備精度，做好維修並進行週期檢定，加強定型刀具的保管。

④嚴肅技術紀律，對貫徹執行操作規程進行檢查和監督。

(5) Environment——環

環，環境是指生產現場的溫度、濕度、振動、雜訊、照明、室內淨化和現場污染程度等。由於生產產品的工序不同，所需環境條件也不相同，所以，應根據工序要求選擇相適應的環境條件。

2.4M 變更

4M 變更是指在生產過程中給品質帶來一定影響的異常變更。包括人——操作者、機——工裝設備、料——材料、法——技術方法，是生產過程中最基本的要素，如果這四個要素是穩定的，那麼最終生產出來的產品品質也是穩定的，但這只是一個理想的狀態。實際工作中，人員、機器、材料、方法經常在變化，最終結果也隨之變化，對其變更的管理就是透過控制這些變化，使結果在允許的範圍內變動。

(1) 變更的原因

① 操作者的變更。操作者因缺勤、調動、離職，由一個操作者變動到另一個操作者進行作業時，所產生的變更。

② 工裝夾具的變更。工裝夾具由於臨時替用、增加而對品質可能有影響時的變更。

③ 材料、輔料的變更。公司因客戶要求而對圖紙規定的零件、裝配用的輔料而產生的變更。

④ 技術方法的變更。技術方法發生變更時，工廠更改作業指導書，並培訓操作者掌握變更內容。

(2) 變更處理方法

生產主管將變更的內容填入「變更申請書」交工廠主任簽字後送到品質部，由品質部經理確定品質方面需確認的內容。變更發生生產及相關部門收到品管部發送的「變更申請書」（見下表）後，按要求實施變更。

8 生產主管要及時解決問題

拿出臨時解的決方案，不等於徹底解決問題，只是為生產主管贏得了解決問題的時間。

現場管理者應該明確，問題是永遠存在的，但問題不是一成不變的。管理者遇到的情況往往是：舊問題解決了，又面臨新問題。所以，管理者要善於發掘問題，特別是探討問題背後的真正原因。這樣才能通過不斷解決問題的過程，達到改善現場的最終目的。

1.發掘問題有方法

面對複雜的狀況，管理者如何準確評估、分析所有的數據，以發掘問題呢？有三種有效而且便捷的方法：

⑴「三不法」──通過檢查工作中的不合理、不均衡和不節約的現象來發掘問題；

⑵「4M1E 法」──通過對工作中的人員(Man)、機器/設備(Machine)、物料(Material)、方法(Method)以及環境(Environments)五個方面進行檢查，來發掘問題；

⑶「六大任務法」──通過對現場管理的六大任務：品質、成本、交期、生產率、安全以及士氣的逐項檢查，來發掘問題。

「三不法」和「4M1E 法」以及「六大任務法」並不是孤立的，可以單獨使用，也可以結合使用。

所謂「三不法」和「4M1E 法」結合，就是針對現場的人員、設備、物料方法以及環境，檢查有沒有不合理、不均衡和浪費的現象。至於和「六大任務法」的結合，就是考察品質、成本、交期、生產率、安全以及士氣這六大方面，配置合理嗎？均衡嗎？浪費嗎？

三大方法結合使用，將更有效地幫助現場管理者發掘潛在的問題。

表 3-2 「三不法」和「4M1E 法」相結合參照表

三不法	4M1E 法				
	人員	機械	材料	作業方法	作業環境
不合理					
不均衡					
浪費					

表 3-3　「三不法」和「六大任務」相結合參照表

三不法	六大任務					
	品質	成本	交貨期	生產率	安全	士氣
不合理						
不均衡						
浪費						

2.界定問題要準確

發掘問題是為了解決問題。解決問題當然是越快越好，但是首先要準確界定問題。

要解決問題，就要先抓住問題的本質，即準確地界定問題。如果連問題都看不清楚，或被干擾迷惑了方向，那想要正確及時地解決問題的可能性真的不大。

一個向著錯誤的方向奔跑的人，跑得越快，跑得越努力，偏離正確的軌道就越遠。

因此，現場管理者在著手解決問題時，應該先界定問題，確定自己是在解決正確的問題，再追求解決問題的效率。以避免用正確的方法解決錯誤的問題，以至於徒勞無功。

3.解決問題要及時

問題找到了，思考方向也界定清楚了，該是著手解決問題的時候了！

可用「5Why」法和系統圖分解法，都是及時解決問題的好幫手。「5Why」法主要針對查找問題的根本原因，系統圖法主要作用於明確問題重點。還有一種更系統的方法，叫做 PDCA 循環。

PDCA 循環法是管理工具中的一種基礎方法，主要是為解決問題的過程提供一個簡便易行的思考方式。它分為四個階段：P(Plan)計

劃──界定問題，制訂行動計劃；D(Do)實施──具體實施行動計劃；C(Check)檢查──量化績效，評估結果；A(Action)處理──標準化和進一步推廣。

生產主管在應用 PDCA 循環時，還可以更具體地分解為八個步驟。可參照下面的步驟，逐步對照以解決問題：

第一步：分析現狀，明確問題

第二步：分析問題，尋找原因

第三步：確認原因，分辨主要原因

第四步：思考對策，制訂計劃

第五步：實施計劃，執行對策

第六步：檢查效果，分析差距

第七步：總結經驗，推廣標準

第八步：處理遺留問題，進入下一輪的循環

PCDA 循環實際上是一項工作程序，它的邏輯性合乎任何一項工作。它最大的特點就在於此循環過程並不是運行一次就結束的，它有一種可持續性，每一次循環的結束就是下一次循環的開始。當一個現場問題經過以上八個步驟的循環後，那些遺留問題，就作為一個新的開始進入下一個循環。如此週而復始，反覆循環。

第 四 章

生產主管的現場生產控制工作

1 生產前的準備工作

　　生產準備是新產品從開始試產到批量正常生產的整個過程中，為了確保新產品能夠按計劃順利進行試產，批量生產，保證產品質量，而進行的相關人員培訓、指導書制定、物料送達、設備(含工裝、量具、工具)的準備活動。這個活動過程通常也稱為生產準備階段。

　　新產品的生產準備是個涉及全公司的全面性的活動，需要各部門的配合參與，各部門基本分工如下：

　　業務部門：客戶、市場需求的把握，客戶資料(圖紙、樣機)的接收視窗。

　　設計部門：設計滿足客戶要求的新產品(設計、開發、出圖)。

　　工序技術部門：研究如何經濟合理的製造出新產品(技術設計、工裝設計)。

　　製造部門：綜合人員、機器、材料、方法、環境測量等要素，製

造新產品。

採購部門：零件、輔助材料、設備儀器的購買。

品質部門：原材料、工序內、成品的品質控制（設計品質管理體系、制定品質檢查標準、實放檢查）。

1. 生產主管在生產準備中的任務

生產主管在生產準備階段負責以下工作：

(1)培訓員工

針對新產品的特性要求，反覆培養員工的作業能力、作業速度、品質認識水準，直到符合要求為止。

(2)制定工人的作業指導

根據工序技術部、品質部提供的產品技術要求、管理重點、品質要求，制定相應的作業指導，指導員工作業。

(3)預算工裝夾具、工具、輔助材料、勞保用品

這類物品的用量只有生產第一線的人員最清楚，所以管理者應在收集各員工建議的基礎上統計整理，提出預算。預算提交後還要專門跟進，保證所需物品及時到位。

(4)生產所需設備、儀器、工裝的安裝、調試

管理者在設備管理人員的協助下安裝、調試設備，其目的有兩個：全面掌握設備儀器的使用、點檢、保養方法；通過學習和使用，確定設備儀器的使用狀態，並尋找最佳的生產狀態。

(5)人員工作崗位的安排和產能設定

人員培訓合格後，應根據員工個性的能力差異安排工作崗位，工序分割也作相應調整。之後根據作業熟練程度制定每日產能推移，以求儘早達到產量定額。

(6)物料、設備、技術、資料異常的發現和反饋

在生產過程中，親身實踐能夠發現很多物料、設備、技術、圖紙

及標準等方面的異常狀況，這些狀況要詳細記錄下來，積極尋求相關部門解決。

2.生產主管如何檢查生產準備

生產準備活動是企業的全方位活動，管理者在其中承擔了大量基礎工作，事情千頭萬緒，問題錯綜複雜，雖然可能讓人緊張煩惱，但卻是鍛鍊人的最好機會。管理者在工作中不妨採取清單的方式跟進工作，謹防遺忘。可根據《生產準備狀況檢查》進行確認，見表 4-1。

表 4-1　生產準備狀況檢查

NO.	項目	檢查內容	判斷		備註
			Y	N	
1	物料準備情況	①是否缺料？			
		②缺多少？			
		③由誰負責，是否跟催？			
2	作業指導書	①是否有標準作業指導書？			
		②是否有檢驗標準？			
		③是否有樣品或標準件？			
3	作業能力	①是否滿足作業要求？			
		②是否要借調員工？			
		③機器設備是否足夠？			
		④過程能力是否足夠？			
4	輔助材料及包裝準備	①是否有內包裝材料？			
		②是否有外包裝材料？			
		③是否有其他輔助材料？			
5	交期	①交期是否確定？			
		②是否空運/海運？			
		③是否有特殊要求？			

另外任何在生產準備中發現的問題、異常等，都應記錄下來並尋求解決之道。新產品的投產是全公司都關注的大事，在準備階段提出

的問題一般都能得到重視和解決。錯過了這個時機,解決問題要經過更多的流程、部門,時間將會拖得更長。

生產準備的檢查,如:

1.工序設定

⑴相似零件(組件)的區分,作業指導書等。

⑵是否按工序設定的方式生產(定人員、固定工位等)。

⑶工序能力的合理性。

2.工具設備

⑴規定檢查項目,檢查週期(日常管理)。

⑵規定有磨損的管理方法(進行定期檢查)。

⑶有防銹要求的管理處置方法。

⑷組立工具實施點檢。

3.一般組裝作業

⑴實施防止疏忽措施,以防次品(包括螺絲等)。

⑵作業指導書放置在現場。

⑶機種切換時殘留零件的管理(包括螺絲等)措施(全部返回在庫區,有標識等)。

⑷按制定的作業指導書實施作業。

⑸(各工序)作業的結果被確認的措施。

⑹作業者變更時,實施教育訓練樣式進行品質確認記錄。

⑺作業條件,4M 變時保留有品質確認記錄。

⑻品質結果檢查(檢查項目應明確)。

⑼裝配 PCB 工序,是否採取防靜電措施。

⑽怎樣防止裝反、裝錯、裝彎,有明確的作業注意事項。

⑾為防止標貼類位置貼錯,採取防止疏忽的措施(工具化,設置點檢工序等)。

⑿是否有防止標貼類的剝離（角部的浮起）的辦法及對應措施（擦酒精、按壓等）。

4.電動、氣動螺絲批

⑴電動上螺絲的方法有具體規定（力矩的選定，固緊的方法，持電動方法）。

⑵制定電動的定期點檢並實施，注意螺絲刀頭的磨損。

⑶有輸出力矩的點檢（用力矩儀進行）。

5.插頭連接

⑴用作業指導書指導連接插頭的方法，不持導線，不可斜插，拆開時不能扭。

⑵指導確認鎖緊的方法，（聲音、間隙、有無突起）（是否檢查，是否確認）。

6.異常品管理

⑴跌落品和落線機有標準否，是否按標準實施。

⑵對追加工、修正品、發生品是否有異常作業指示書（有注意事項）。

⑶追加工、修正品在加工前後是否進行識別管理，是否實施。

7.出貨檢查及外協件購入檢查

⑴是否作成檢驗規格書（出檢，受檢），準備方法是否明確指示。

⑵是否按規定的項目進行檢查（記錄），測量位置是否明確。

⑶所需測量工具是否齊全（規格書、測量器）。

⑷抽樣數是否按標準取數（記錄），是否進行 n＝1 的首件確認。

⑸對照以前發生的不良是否有再發生防止措施。

⑹相似零件的相似處，不同處是否明確或是否確認。

8.包裝

⑴裝箱數有規定，是否進行了防變形、防劃傷措施。

⑵包裝箱是否經過清掃後使用(有防塵要求的零件)。

⑶產品是否需要吹氣清潔。

9.品質

成品是否滿足客戶的規格要求。

2 生產現場的標準化作業

標準化的制定,就是要統一和優化作業的流程和標準,求得最佳操作質量、操作條件、生產效益。實行標準化作業可以防止人的不安全行為和物的不安全狀態出現,有效地防止事故的發生。

按照班組成員的作業技術、工作特點、設備狀態三個方面,可以制定下列標準:

1.作業流程標準

根據工作崗位、工種和每項作業應達到目標的要求,從生產準備、作業進行到作業結束的全過程,嚴格規定作業不同階段的生產技術程序,使作業操作流程標準化。

2.生產操作標準

根據工作崗位、工種在生產作業過程中的每個步驟要求。從具體作業動作上規定作業人員的操作標準,限制和取消非標準的操作,使作業人員的操作行為規範化。

3.技術標準

根據不同作業需用的原料、材料、燃料等不同理化特性,制定不同的技術要求及相應的技術作業標準。

4.設備維護標準

對生產過程中所需設備的清潔、保養、檢修，定時、定量地制定強制性標準，保證設備的完好。

5.機電設備標準

每台設備都要建立設備完好標準、安全防護設施要求、故障消除和事故防範措施、消除物的不安全因素。

6.工具、器具標準

與機電設備相對應的技術生產中使用的一切工具、器具等，均應達到良好的標準狀態。

7.防護設施標準

即安全附件、連鎖裝置、防護設施的完整齊全、有效運作標準，保證靈敏、可靠和正常的運作。

8.質量檢驗標準

生產的產品、中間產品均應有幾何尺寸、理化特性、外觀標準以及檢驗方法等標準。

9.生產標準

根據生產的要求，對作業場所必須具備的照明、溫度、濕度，原材料、成品、半成品堆放，工具擺放，消防和通訊等所涉及到的一切與生產有關的內容均應有具體的標準規定。

10.作業場所標準

根據企業生產和場地條件情況，對作業場所的安全通道、作業分區、護欄護網、安全區域、物料堆放高度寬度、場地清潔等均應制定標準。

11.安全作業標準

從人的行為、具體操作、設備管理、生產環境、物的狀態以及合理的生產條件等方面，綜合制定出每項作業的標準，達到作業規範化。

3 現場管理技巧

1. 責任勝於能力

在現場管理中，責任是不可或缺的。生產現場最容易出現紕漏和事故，作為現場主管者，一定要有責任心，對現場管理工作予以高度重視。

責任心，是個人對自我、他人、家庭、集體、社會所負責任的正確認識，是勇於承擔責任的信念，是一種自覺和自律。社會不缺少有能力的人，而是缺少有責任心的人；沒有做不好工作的人，只有不負責任的人。

現場管理需要能力，更需要責任；能力是管理的前提，責任是能力的導航器。現場管理者沒有了責任心，能力再突出也是徒然，現場管理必將紕漏百出。從某種意義上而言，責任勝於能力。

現場管理者該如何擔負自身責任呢？對上級和員工負責，切實實現自身職位的價值；懂得賦予員工責任，激發員工積極性和潛能。

2. 心態決定成敗

成功與失敗，往往只在一念之間，這一念即是心態。心態變則意識變，意識變則行為變，行為變則結果變。現場管理者在任何時候都應擺正心態，扮演好自己的角色，心態左右著工作的進度和成效。

現場主管要富有進取心，堅持完善自己，克服懶惰和懈怠情緒，拒絕故步自封、好逸惡勞、被動等待、師心自用。同時現場管理者也要具備全局觀念，避免將責任範圍限定在個人領地上。

要保持好的心態，需要給自己一個正確的定位，認識到自身工作

的重要性。現場管理者縱跨管理與執行兩個層級，肩負著聯繫上下層級的重擔。對上層經營管理者而言，現場管理者位於執行層；對基層員工而言，現場管理者則處於管理層。

　　現場管理重在現場、現事、現物，作為上下層之間的紐帶，現場管理者需要積極瞭解現場的狀況並向上級彙報。應發揮下達精神、上傳民意、輔助上級、管理下級的作用，擔負提高生產品質和效率、降低成本、安全生產的責任。

　　態度決定行動，行動決定成敗！

　　在一些培訓過的企業中，有的現場管理者就總結出這樣的管理真諦：現場生產需要好心態，摒棄消極心態，就能業精於勤，現場活動才能有效、高速運轉！

　　目標明確，不盲目蠻幹；重視團隊合作，加強和下級、同事的溝通，不孤軍奮戰；加快工作效率，不拖拖拉拉；發現並解決問題，不能忽略任何問題的存在；努力追求成果，不要只注重過程。好心態也是好的意識循環組成的，只要現場管理者具備了積極的心態循環意識，好心態自然也就建立了。

　　好的心態是成功的開始。只要有正確的心態，就不難找出正確的管理方法。心態就是效率，心態就是成果。

圖 4-1　積極的心態循環意識

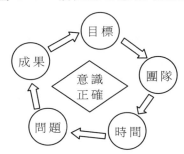

3.以身作則,行勝於言

現場管理的各種規章制度,已經很多,企業的現場管理依舊混亂不堪。這些規範在現場管理中為什麼起不到約束和指導員工行為的作用?這些規範怎麼才能貫徹到團隊中去?怎樣才能讓現場人員養成符合現場行為規範和要求的良好行為習慣?如何運用這種良好的行為規範培養出現場人員良好的價值觀?

如何回答這些「為什麼」?關鍵在於現場管理者!在現場管理中起表率作用的就是現場管理者本身。現場管理者實際上就是現場一切行為的代言人和化身,現場管理者所做的一切行為對現場人員都能產生很重要的影響,都將成為現場人員學習的榜樣,要想現場擁有良好的行為規範和價值觀,現場管理者就必須以身作則,對現場人員和自己實施統一的行為規範標準要求。現場管理者要從自己做起,只有與現場人員共進退時,才能得到現場人員的信賴和支持。現場管理者以身作則才能帶領出優秀的現場員工。

主管自身的行為正是通過這種威信與魅力來體現的。作為現場管理者必須以身作則,無聲的語言往往比大聲斥責更好使。只有自己能夠做到的事情,才能要求別人也做到。

作為現場管理者一定要當好現場人員的學習標杆。現場管理者的一言一行都將影響現場員工的行為,所以,現場管理者帶出來的員工是可以直接映射出管理者素質及能力的。

嚴於律己的管理者,才能在員工心目中樹立威信,獲得支持。

生產現場的工序切換管理

工序間切換是經常發生的事情，短時間的切換如果缺乏控制的話，往往帶來效率的降低和品質的異常。

1. 切換的效率控制

切換效率控制的著眼點是切換的時間，切換時間根據作業的不同，可以分為內流程、外流程和調整時間，它們的定義如下：

①內流程：切換時，如機器不停止，就無法進行作業的流程；

②外流程：切換時，即使機器還在運轉，也可以進行作業的流程；

③調整：兩個機種之間交換的過程，是切換的核心時間。

(1)流程切換作業改善步驟

表 4-2　流程切換作業改善步驟

步　驟	基本內容
	總切換時間 內流程　調整　外流程 A　B　C　D
第一步	把內流程作業 A 往外流程作業轉移
第二步	改善縮短內流程 B
第三步	將調整時間 C 改善縮短
第四步	將外流程時間 D 改善縮短

⑵切換流程的改善體系

①內流程向外流程轉換:

圖 4-2 內流程向外流程轉換

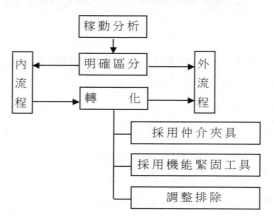

②內流程改善:

圖 4-3 內流程改善

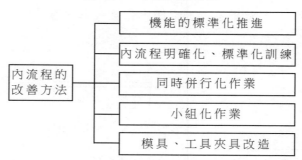

③流程切換的確認清單：

表 4-3　流程切換的確認清單

項目	具體內容	結果記錄
作業順序	・作業流程有無標準化？ ・作業內容中有無浪費、勉強、不均等事項？ ・是否真正明白必要的作業內容？ ・在外流程中，是否準備了更換用的模具、工具、量具等必要品？ ・必要品是否放在容易拿取的地方？	
改善重點	・是否準備了合適的工具？ ・能否將工具減少？ ・有沒有多餘的可取消的零件？ ・為什麼要調整呢？能否取消？ ・能否用螺栓？ ・可以一步到位嗎？ ・可以更換替代嗎？ ・可以通用化、可調整化嗎？ ・流程內容能簡化嗎？ ・能否減少試模次數？	

2.切換的品質控制

切換實際上是一個短時間內的變更體制，因為忙亂的原因，所以導致品質問題發生較多。下面就以組裝生產線的切換控制為例來說明。

(1)切換的標誌警示

作為流水線生產，把某個產品全部生產完畢，然後停下整條流水線，再佈置另外一種產品的生產。這種方式雖然「穩妥」卻犧牲了效率。較好的方法是不停線切換方式，即在第一台切換機種標誌「機種切換」的字樣，那麼這台機下流的過程中誰都知道它與前面的機種有

不同，從而用不同的方法來處理。

(2)首件確認

首件確認是指對切換後生產下來的第一台產品進行全面的形狀、外觀、性能、相異點確認，擔當者可以是檢查員，也可以是技術人員或者管理者。首件確認是最重要的確認工作，可以發現一些致命的批量性缺陷，如零件用錯等問題。所以要特別認真。

(3)不用品的撤離標示

首件確認合格後，意味著切換成功，可以連續生產下去。但是對撤換下來的零件不可輕視，一定要根據使用頻率安排放置(表 4-4)。

放置完成以後，為了防止錯誤使用，還要做好標誌，標誌上要明確產品的名稱、型號、暫放時間、管理責任人員等等。

表 4-4　不用品的撤離標示

NO.	使用頻率	放置場所
1	當天還要使用的	生產線附近的暫放區
2	三天內使用的	生產線存放區
3	一週內使用的	倉庫的暫放區
4	一月內使用的	重新入庫，下次優先使用
5	一月以上使用的	重新包裝後入庫

5 生產現場的作業條件變更

1.定義

作業條件變更是指在生產過程中給品質帶來一定影響的異常變更，含作業者、工裝設備、材料、技術方法的變更。即常說的人員、機器、材料、方法變更。

作業條件是生產過程中最基本的要素，如果這四個要素是穩定的，那麼最終生產出來的產品也是恒定的，但這只是一個理想的狀態。現實中，人員、機器、材料、方法經常在變化，最終結果也隨之變化，4M變更管理就是通過控制這些變化，使結果在允許的範圍內變動。

2.作業條件變更處理流程內容

⑴作業者的變更。作業者因缺勤、調動、離職時，由一個作業者變動到另一個作業者進行作業時所產生的變更；

⑵工裝夾具的變更。工裝夾具因臨時代用、增加而對品質可能有影響時的變更；

⑶材料、輔料的變更。公司無圖紙規定的材料輔料、需要對零件的材料和裝配用的輔料進行變更時，應完全遵循客戶的意見，由技術部專責更改圖紙，或下達臨時更改通知書，工廠更改作業指導書，交技術部批准；

⑷生產技術方法的變更。方法發生變更時，工廠更改作業指導書，並培訓作業者掌握變更內容。

3.變更的實施

⑴由發生區將變更的內容填入《作業條件變更依據書》交工廠主

任簽字後發行到品質部，由品質部經理確定品質方面需確認的內容。發生區及相關部門收到品質部配發的《作業條件變更依據書》後，按要求實施變更。

⑵作業者變更的處理方法。由工廠技術員按作業指導書要求安排員工訓練，管理者每兩個小時進行產品品質確認，直到培訓合格為止。

⑶工裝夾具變更的處理方法。在實施過程中，工廠技術員專責跟蹤，確認首件用工裝夾具製造的產品品質是否合格，如不合格時，則要求相關部門停止生產並重新檢查該工裝夾具的有效性。

工裝夾具變更後，裝配出來的首件產品經工程技術人員確認合格後，應由質檢員進行小批量生產的複檢，確認品質合格後方可進行大批量生產。

⑷材料變更的處理方法。參照《物料的設計變更》。

⑸作業方法變更的處理方法。由工廠技術員修改作業指導書，並指導員工按新的作業方法作業，處理發生的異常，直到員工熟練為止。由實施工廠在作業條件變更品的入庫單上打「△」作為標誌。

4.變更後產品品質的確認

⑴各部門按照《作業條件變更依據書》的確認內容進行品質確認（表 4-5），結果記錄在《4M 變更確認表》中，最後返回品質部存檔。

⑵對作業條件變更的產品進行品質確認發現不良時，按公司的《不良品處理規定》處理。

表 4-5　作業條件變更依據書

管理號：

發生區填寫		作成：		承認：
	作業條件類別	發生區		數量：
	組件名	組件編碼：		變更時間：
	變更理由：			
	變更事項：			
	NO.	工位	變更內容（含規格值）	備註
	確認內容：		作成：	承認：
品質區填寫	NO.	實施區	項目內容 （含規格值）	測定工具 （手法）	確認數量

6 生產現場作業的目視管理

　　工廠中的工作是通過各種工序及人組合而成的。各工序的作業是否按計劃進行？是否按規定的要求正確地實施呢？在作業管理中，能很容易地明白各作業及各工序的進行狀況對於生產管理是非常重要的。

　　作業管理的目視管理應注意以下重點：

　　⑴是否按要求的那樣正確地實施；

　　⑵是否按計劃在進行；

　　⑶是否有異常發生；

　　⑷如果有異常發生，應迅速採取對策。

作業管理的目視管理要點：

1. 明確作業計劃及事前需準備的內容，且很容易核查實際進度與計劃是否一致。

方法：生產計劃書、生產計劃看板、產銷協調會議。

2. 作業能按要求的那樣正確地實施，能夠清楚地判定是否在正確地實施。

方法：保養用日曆、生產管理板、各類看板。

3. 異常警報燈。

方法：重點教材、欠缺品、誤用品警報燈。

7 做好生產流程的控制

1. 確認首件

現場管理中通過對制程的第一件（或第一批）產品進行檢驗確認，可以避免發生批量性生產的錯誤。在通常情況下，每班或每種產品投入生產後產出的第一件產品被認為是首件，如果該產品檢驗合格，則說明目前的制程有能力製造合格品；反之，則說明還需要改進。至於具體的首件產品數量是多少，則要根據生產的特性來確定，一般的原則是 5 件。

2. 首件的產生

各班組要把每天或每個機種開始生產的前 5 個產品送品質部檢查，從中挑出一個合格品作為首件品進行管理；如果檢查中發現沒有合格品或產品嚴重不良，則說明目前的制程不良，不能批量投入生產。

3.首件的確認與管制

首件產品由品質部人員判定合格後，由現場生產主管接收並確認，確認後首件產品連同其檢查表一起放置於設在現場的首件專用放置臺上，直到本首件管轄的時段（最多一天）完成為止。首件產品要按程序文件規定的方式去管理，主要管理事項包括簽收、貼標籤、建台賬、更改、承認、發出等。

4.首件產品的用途

因為首件產品是經品質部檢驗合格的，所以，班組可以用它來和制程中的其他有疑問的產品進行對比，以便統一認識。

8 要控制好生產進度

1. 認真執行生產計劃

(1)掌握執行的訣竅

①執行計劃時要儘量減少轉換模型的頻次

當週生產計劃中的某一時段包含多個產品模型時，生產主管要從持續生產的角度出發安排日生產計劃，把轉換模型的幾率降低到最少的狀態。

②優先完成容易生產的產品

就像考生答試卷一樣，總是要先挑容易完成的題目回答，然後，再集中精力解決難題。生產也是如此，如果條件許可，班組應先完成一些容易出結果的任務，這樣可以減輕部份工作壓力。

③讓熟悉的人做熟悉的事情

作為生產主管，應較全面地瞭解自己的員工，掌握員工的做事風格。例如，對於新到員工，應儘量把那些不易發生問題的產品分給他們去做；對於熟練的員工，則要讓他們做難做的事情，以創造信任，增強員工的自信心。

④與相關部門協調好關係，達成共識

雖然生產是現場班組的職責，但是，它需要諸如品管、工程技術、物料等諸多部門的密切配合。只有他們合作到位了，才能使生產的軟、硬環境對生產有利，進而能夠順利完成計劃。

(2)加工作業分配

①加工作業的特點和分派方法

加工作業通常具有下列特點：作業場所在生產線外，作業時間有一定提前性，作業量僅在日生產計劃中有所反映，作業位置不一定能固定。

鑑於上述情況，生產主管有必要靈活地管理加工作業，在具體分派時應遵守下列方法。

· 一定要設置必要的提前期，確保不耽誤正常作業；

· 選擇位置時應注重方便、就近的原則，減少重覆搬運；

· 加工作業的量可以依據平時生產經驗靈活增減；

· 班組富餘人員數量的多與少也可以作為靈活調節的依據。

②加工作業安排應注意點

生產主管安排加工作業時要注意加工位置、加工流程、加工時間、加工數量這 4 個問題。在這 4 個問題中後兩個取決於生產計劃，不是管理的重點；前兩個問題具有很多可變因素，是實施管理的重點。

⑶特殊情況應對

①任務不能完成時

在企業日常生產中，難免會出現任務不能完成的情況。例如，當機器設備發生臨時故障時，就會出現生產速度下降或停頓的現象；當材料供應不及時時，就會出現因品質欠佳而不能完成任務的現象；當人員不穩定時，就會出現作業效率下降的現象；當制程發生異常技術問題時，就會出現產品直通率降低、不合格產品率增加的現象。這些問題的發生，都可能導致生產任務難以完成。不管是什麼原因，生產主管都應冷靜分析原因，認真採取應對措施。具體處理方法如下所述。

當產量的欠缺數量小於日計劃的 25%，且不存在阻礙生產的直接因素時，生產主管應安排加班完成生產任務。

當加班容易導致員工疲憊時，生產主管應提出申請，尋求支援。

對於欠缺數量較大和仍然存在一些阻礙生產的因素時，生產主管應報生管部門安排臨時計劃完成。

加班或制定臨時計劃仍不能解決問題的，生產主管應通報生管部申請修訂週生產計劃。

②出現緊急任務時

緊急生產任務，泛指那些需要打破常規生產計劃節拍，先行製造，急於出貨的產品生產，它不同於常規生產任務。通常而言，緊急生產任務在形式上暫時打亂了正常的生產秩序，由於來得突然，所以會出現生產準備不能就緒的情況，如缺工具、夾具等；既然是緊急任務，則出貨緊急，沒有太多的迴旋時間處理爭議問題；生產、檢驗、試驗和實驗的步驟需要加快，甚至部份省略。當遇有緊急生產任務時，生產主管可按如下方法進行處理。識別具體的緊急程度（顧及客戶指數），區別處理；急事急辦，派專人迅速準備「4M1E」事項；實行簡易方式轉產，凍結或清理原有生產過程；指派得力的小組長直接跟蹤實

施過程;與手頭上不太緊急的產品調換生產,可以選擇加班完成;預計需要的完成時間,實際完成後立即報告。

2.掌握好生產速度

(1)速度的測試

速度是一組直觀的資料,對於企業生產來說,生產速度主要表現在流水線和機器加工的作業中。一般掌握和控制生產速度的直接責任人是管控現場的生產主管,其他人員都無權調節。對於流水線的轉動速度,可以用碼錶的方法測量獲得,具體步驟如圖 4-4 所示。

圖 4-4　流水線轉動速度獲得圖

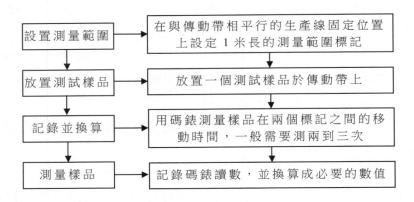

(2)速度的控制

通過測量得知的生產速度,需要生產主管在實際工作中進行調節和控制,以便完成產量,滿足計劃的要求。生產主管可通過以下途徑來控制速度。

①控制硬體:生產線運轉馬達的調速器,按規定直接調節。

②控制軟體:生產管理規章制度和相關資訊,主要是針對生產運作的實際狀態進行調節。

(3)適時調節節拍

調節生產節拍主要表現在離散型企業的製造過程中。一般掌握和控制生產節拍的直接責任人是生產現場的高級主管，生產主管應該屬於推動者或執行者。就整個生產過程而言，節拍可以用下面的方法來操控。

①節拍要因生產形勢而變，生產任務急或士氣高時宜變快；反之，應變慢。

②在欲變快前，應先造一點聲勢，以便達到加油和鼓勵的目的。

3.去除無效環節

(1)什麼是無效環節

所謂無效環節是指那些在形式上存在，但在本質上可有可無，不具備增值性的各種工序、環節、職位、班組或部門。無效環節不僅僅是一種負擔，更重要的是其具有反作用。因此，企業必須要採取措施消除各種無效過程。

(2)如何去除無效環節

去除無效環節的關鍵是要把它識別出來，然後再按管理標準將它們定性，並把得到定性的部份進一步採取措施處理掉。具體方法如下。

①以滿足顧客為核心，以業務流程為依據，識別出企業的全部過程；

②再評價那些處在流程以外的現有過程的必要性，把不必要的刪除掉；

③給各個過程建立量化的和可測量的 KPI（關鍵績效指標）；

④把那些找不到 KPI 或雖然有指標但不能量化和無法測量的過程刪除掉；

⑤利用 P—D—C—A（計劃、實施、檢查、調整）的思想有效管理剩下的所有過程；

⑥重點關注剩餘過程的 KPI，並定期評價其有效性；

⑦通過定期評審刪除那些 KPI 長期低下的過程，實施持續改進。

9 要提高生產效率

1. 提高單位時間效率

單位時間效率的高低反映了直接生產現場的綜合管理能力，提高單位時間效率是生產主管的重要責任，生產主管可根據需要從以下幾方面著手。

⑴想辦法從多方面提高人員的工作素質；

⑵鼓勵建立更多的多功能崗位，培養更多的多技能人員；

⑶因人制宜，安排最適宜的生產流程；

⑷摒棄陋習，選用科學的作業操作方法；

⑸對不合理的標準工時要及時要求改正；

⑹臨場控制，及時消除制程中的各種消極作用；

⑺發生問題時要向關聯責任部門明確指出，按相關原則追蹤到底；

⑻全方位、全員樹立效率化、持續改進；

⑼落實被修訂的各種生產技術文件，保證持續改進和滿足需要；

⑽盡可能多地按人機工程原理佈置現場；

⑾與關聯部門如工程技術、品管、採購等部門建立合理的溝通管道。

2. 提高生產用具的使用效率

(1) 儀器設備的校準

校準是一種保證手段，確認校準結果是生產主管對自己工作負責的表現。生產主管在校準時要確保在以下幾個方面盡職盡責。

① 發現校準結果有異常時，及時向儀器管理員回饋、報告；

② 不使用未經校準和已經失效的儀器、設施；

③ 配合儀器管理人員做好校準工作，提供力所能及的支援；

④ 保護校準標籤，執行標籤上的標示內容。

(2) 治具與夾具的管理

治具和夾具指的是企業內部工模部門的工程師和技術人員自行研究製造的用以方便生產作業、操作和檢驗的各種輔助器具。

治具和夾具在生產現場的出現並不是絕對的，也不是必然的，而是技術人員想方設法方便操作的結果。操作人員一旦使用這些工具，生產就會顯得方便和可靠了許多。它的具體作用如下所述。

① 規範操作過程，有利於實現作業標準化；

② 可以省力，幫助操作員順利而簡單地完成任務；

③ 具有保護與防護作用，能使操作的關聯方面獲得安全；

④ 加快作業速度，提高工作效率；

⑤ 在產品與測試儀器之間形成更適宜的連接，完成某種功能；

⑥ 防止操作錯誤，減少風險；

⑦ 能變單一的手動操作為規範化的機械式操作，提高穩定性。

(3) 儲存中的管理方法

① 建立儲存清單：建立治具的儲存清單，使現場作業員清楚有多少治具在保存中以及具體的保存位置和狀態，以便能在需要時容易獲得。清單的建立要依據編號、類別等可以檢索的因素；清單中應包含治具的名稱、管理編號、製造日期、現時狀態、儲存位置、備註等項

目。清單編制好後由生產主管指定人員(如修理員或夾具管理員)負責保存。

②修理不良治具:未經授權班組不能修理治具。若班組根據實際情況需要修理的,可以向管理科提出申請,利用存儲時間進行保養、維護和翻新,確保需要時拿出來馬上就能使用。也可以申請實施預防維護,保證使用週期內治具安全可靠。

③治具的標識:為了便於管理和使用,通常廠裏會給治具一個可以區分功用的標誌,具體可用貼紙標識。

(4)生產工具管理

隨著在生產中的持續使用,工具必將逐漸老化,或將被耗盡有效形體,或喪失功能,這就要求生產主管必須實施有效管理來掌握工具的狀態。通常的管理要點是瞄準實際損耗狀況,準確控制更換或補給時機,做到既能確保使用不受影響,又符合經濟性。

一般來說影響工具安全使用的因素有兩個:一是操作者沒有按規定使用;二是工具本身存在一定的缺陷。因此,要確保安全使用工具,就要想辦法在現場消除上面兩個因素的影響,方法主要有以下幾種。

①按原說明書的規定制定操作規則,要求操作者必須嚴格執行;

②嚴禁操作者擅自更改工具性能或改變用途;

③確保工具的放置位置、狀態(包括閒置時)符合要求;

④對於陳舊的工具,應配備先進的防護器具;

⑤杜絕超負荷狀態使用;

⑥功能特異或影響重大的工具,需要有資格證書的人員操作。

然而,生產主管要確保使用工具安全,僅僅重視管理一個方面是遠遠不夠的,還要注意在最初購買工具時盡可能的選擇適宜、好用和能夠防錯的工具,以便真正做到服務於生產。這就要求採購人員要做到如下這些事項。

① 注重工具的輕巧與便利性；

② 適當考慮人員的左右手操作習慣性；

③ 結合人機工程學原理，考慮適宜性；

④ 能滿足生產中的最大負荷，即使用錯了也不會有後果；

⑤ 統一電壓規格，最好不要在工廠裏混用；

⑥ 使用說明書要使人員能理解、看懂（注意語言類別）；

⑦ 要注重性價比，但更要充分考慮工具的材質、品牌；

⑧ 兼顧以前的使用結果，選別購買。

⑸新投入設備管理

新投入設備指那些新投入使用的生產設備，它可以是購買的新品，也可以是自製的土產貨，還可以是借調過來的其他部門的設備，凡此種種都算。由於新設備的特點是剛開始使用，一般來說作業員缺乏運用經驗，因此，為了對其實施有效管理，生產主管以及相關人員對它與舊有設備應區別對待。

根據新投入設備的性質、功能、成色、價值、所有方式等實際情況，管理者應對新設備的使用做出規定。一般情況規定為 30～60 天。在這一時期內，該設備將會享受「新的」待遇。

心得欄 _____

_____

_____

_____

_____

_____

10 生產成本控制意識

在當今這個商業競爭日趨激烈、產品同質化嚴重並且利潤趨微的時代，成本控制已經成為企業利潤倍增的重要途徑。可以說，成本控制，對任何企業都很重要，對生產企業尤其如此。

生產成本控制需要企業全體人員共同參與。對生產主管來說，既要懂得有效地控制生產成本，更要讓每位員工學會如何提升生產績效。

1. 生產主管應有的生產成本控制意識

(1)省錢就是賺錢

在生產企業中，原材料的費用佔了總成本很大的比重，一般在 60%以上，對於生產企業，生產成本控制是企業成本控制的首選，作為生產主管，必須要有強烈的成本控制意識。

對於生產主管而言，必須學會去省錢，將每分錢都用在刀刃上。企業少花一分錢，就相當於多賺一分錢，這是很多企業的共識。鋼鐵大王卡內基、石油大王洛克菲勒都是省錢的好手，他們都「省錢就是賺錢」理論的支持者，甚至到了為省錢而「不擇手段」的地步。

(2)生產成本控制要以企業價值最大化為目標

很多企業雖然提前做出預算，但是實際支出往往比預算高很多。因為實際中的不確定因素很多，那怕一個細節沒考慮到，都會產生致命的錯誤，從而造成大量的浪費。這並不是說企業沒有進行生產成本控制，而是沒有將生產成本控制到最低，沒有實現企業價值最大化。

對於生產企業來說，生產成本控制的範圍很大，如人工成本、設備採購成本等，而每一個環節又有很多可以進行成本控制的點。例如，

訂單處理不及時、物料採購過多、設備日常維修不到位等狀況，都會在無形中加大企業的生產成本。企業價值最大化，並不是要求將每一個環節的生產成本控制到最低，而是將整體的生產成本控制到最低。

(3)生產成本控制不是一味地強調節約

節約是傳統美德，也是奉行幾千年的一個好習慣。現代企業要求人人都要有節約意識，並要有意識地為企業節省成本。但要記住：生產成本控制，不僅僅是節約。

一提到生產成本控制，許多人會想到單純地削減生產成本，把生產投入的成本降低作為唯一目標。其通常的做法有：降低原材料的購進價格或檔次，有時也會以次充好；減少單一產品的物料投入，降低技術過程的費用；降低人工成本來招聘新員工，從而造成生產效率大大下降；等等。這樣做的結果是企業生產的產品品質不合格、優秀的人才大量流失，甚至會影響企業的品牌形象，使企業陷入困境。

企業要想持續發展，必須從戰略的高度來實施生產成本控制，企業要做的不是單純的節約和削減成本，而是提高生產力、縮短生產週期、增加產量並確保產品品質。如果企業在培訓、技術研發等方面加大資金投入，那麼企業的生產效率會大大提高，次品率會大大降低甚至接近於零，產品壽命週期會得以延長，企業競爭力會相應提升，品牌的知名度也會得到提升。

(4)生產成本控制是一個長期、有系統的持續過程

生產成本控制既不能一蹴而就，也不能立竿見影，它是一個長期、系統、的持續過程。

因為生產企業的成本控制不僅僅局限於某一個環節，而是整個供應鏈。從訂單處理、物料採購，到生產加工、物流配送、終端銷售等，它是一個持續的鏈條，任何一個環節成本控制不力，都會導致生產成本急劇增加，所以，供應鏈的每個環節都必須加強成本的控制。只有

整個供應鏈得到了優化，企業的生產成本才能得到最有效的控制。所以，生產成本控制是一場持久戰，而且需要企業全體員工的參與。

(5)要將生產成本控制變成習慣

對企業來說，生產成本控制是需要由上向下進行貫徹的。企業的高層管理者首先要有強烈的生產成本控制意識，因為高層管理者不懂生產成本控制比員工不懂更可怕，尤其是在各種制度、企業文化、培訓機制尚不健全的企業裏。但現實的情況是，只靠員工的自覺性很難將企業的生產成本控制做好，因為並不是每個人都把自己看成企業的一分子，這就要求高層管理者必須對員工給予足夠的重視、學會適當授權、為員工提供發展的平臺和必要的技能提升培訓等。

企業無論高層管理者或是普通員工，都要擁有很強的生產成本控制意識，視生產成本控制為己任，並且養成一種習慣，自覺自動地進行生產成本控制。

當企業的每一名員工都樹立了良好的生產成本控制意識並養成了生產成本控制的習慣時，企業的各種成本就會得到有效控制。

2.生產主管要扮演五種角色

對生產企業來說，生產成本是企業的最大成本，如何有效控制生產成本是企業的難題之一，在解決這一難題的過程中，生產主管的重要性凸顯出來，成為最重要的生產成本控制人物之一。

生產主管要想控制好企業的生產成本，在心態上應做到：具有強烈的生產成本控制意識和責任意識；做好溝通與協調，做到信息時時共用，從而提高整體工作效率；具有專業的技能知識，同時學會如何培訓員工養成生產成本控制習慣；嚴格把好成本核算關口，儘量減少無謂的浪費。

事實上，在生產企業裏，生產主管同時扮演著多種角色：殺手、教練、核算員、調度員、信息員。

(1) 殺手

生產主管在進行生產成本控制時，要像殺手那樣冷靜、果斷，快速出擊，乾淨俐落地達成目標達。

對生產主管來說，生產成本就是一個大大的「魔鬼」，該出刀時就出刀，千萬別猶豫。有時候，就在你猶豫的瞬間，成本倏然倍增，這將使你留下莫大的遺憾。

(2) 教練

許多生產主管雖然是從生產第一線提拔來的，也懂得生產操作流程，但他們沒必凡要事親力親為，他們最主要的職責之一就是指導工作、督導工作。

生產主管必須學會培訓下屬，讓他們儘快掌握生產必備的各種知識與技能，包括如何提高工作效率、如何加強產品的質量管理、如何減少生產浪費等生產成本控制細節。

要做好教練工作，生產主管要培訓下屬，進行系統的基礎知識和技能培訓，這是保證生產正常運行的基礎。進行定期或不定期、系統或非系統的技能或素質提升的培訓，這是員工與企業共同成長、共同發展的條件之一。開展一系列的降低成本的活動，在活動中提升員工的生產成本控制意識，培養生產成本控制習慣，如 5S 管理等。隨時隨地進行教育。

例如，當生產主管發現一名員工在生產操作方式上出現問題時，他要做的不是批評，而是及時糾正和教育，可以召集所有的員工，給他們分析問題發生的原因，並示範正確的操作方式。

(3) 核算員

生產企業中的許多環節每天都需要費用列支，生產主管要根據生產情況，對各類費用進行核算與審查，從而系統、全面地進行生產成本控制。一旦發現費用列支有問題，生產主管要立即通過相關環節求

部門找到根源，並將其徹底清除。

　　如果生產主管僅僅將生產成本控制局限在控制費用上是遠遠不夠的。生產成本發生的過程以及這些過程之間的相互關係是非常密切的，如果不把成本降低的著眼點成本放在發生的過程及整個供應鏈上，那麼生產成本控制將是非常狹隘的。

　　(4)調度員

　　生產主管根據生產需求，對生產計劃進行必要的調整，對人員進行合理的安排，同時保證物料充分流動起來，從而減少庫存、減少浪費。

　　企業生產需要各類人才，有時因為工作需要，必須將一部份員工從現有的崗位或部門調至其他崗位或部門；當企業接到客戶的緊急訂單時，也會緊急調配人員，以確保訂單的及時完成；若某員工不能勝任當前的工作，要將其調至某個新的崗位，以達到人盡其才的目的。

　　生產主管會根據生產的實際情況，進行人員調配和安置，以求最優地完成生產任務，從而保證產品及時交付，減少因延期造成損失的概率。

　　當生產計劃發生變動時，生產主管會根據事情的輕重緩急來重新調整生產進度和改進生產線。

　　(5)信息員

　　在信息時代，信息成了最重要、最珍貴的資源。對生產企業而言，信息既是企業與外部溝通的橋樑，又是企業內部良性運作的紐帶。

　　生產主管一方面保證內部信息流暢，根據訂單及時安排並調整生產計劃，做好部門之間、員工之間的溝通，以提高工作效率，減少生產中的浪費；另一方面要應對供應商、經銷商、零售商等，及時解決各類問題，排除一切信息障礙，使信息通道更流暢，使生產成本得到有效控制。借助信息化管理系統，企業的銷售訂單與生產、供應、採

購等環節不再是「信息孤島」，以訂單拉動各環節的協同，從而大大提高了信息的透明度和交付效率，最大限度地降低生產成本。

11 生產過程中的異常處理

1.異常及異常的發現

異常就是生產過程中發生的各種問題和不正常現象。異常起初有可能很小，如果及時控制的話一般都能化解；但如果未及時發現或控制不力，則可能擴大，嚴重時甚至釀成事故。生產主管實施過程管理的主要目的就是消除異常，確保生產過程穩定，並進一步在穩定的基礎上尋求改善機會。要發現異常的兆頭主要靠經驗，所以，生產主管日常工作中就應注意總結。

⑴每天進行工作總結，並每月匯總一次，提煉出精華。

⑵善於發現員工們的亮點，及時總結並推廣。

⑶樹立工作中的參照標準，定期觀摩、學習和對照。

⑷慎重對待各種指示，並反覆地體會和理解。

⑸借助管理工具，例如控制圖、趨勢圖等，通過對這些圖表進行科學分析，找出工作中的異常兆頭。

2.異常發生的處理原則

臨時性問題指的是在一段時間記憶體在，而另一段時間內有可能會自動消失的問題。當出現臨時問題時，生產主管一定要掌握實施更改的時效。

突發事件指的是突然發生的影響生產秩序正常進行的事項。由於

生產現場人多事雜，突然發生一些意想不到的事情在所難免，這時候需要生產主管沉著冷靜，果斷做出決定，穩住局面，並把負面影響降到最低。

當突發事件發生時，生產主管應該按下列要求處理問題。

⑴在第一時間趕到事發現場，挺身而出，指揮大家採取緊急應對措施，先穩住現場局面；

⑵及時通知事件的責任部門和關聯部門，全力配合管理者分析事發原因；

⑶果斷採取根本措施，解決問題，落實責任，驗證採取措施的結果，並積極尋找預防和控制的方法。

3.重大問題第一時間解決

所謂重大問題指的是問題屬性比較嚴重，影響面比較大的事件；對於重大危害性事項，如果不及時處理的話後果可能會更嚴重。所以，生產主管一定要在第一時間內處理它們。而且不管處理結果如何，都要把具體的處理措施和最新狀況向上級報告，聽候指示。

心得欄

第 五 章

生產主管的管理技術

1 生產現場的管理

現場指直接製造產品的生產現場,用科學的管理制度、標準和方法,對生產現場的各個要素進行合理有效的計劃、組織和控制,使其處於良好狀態,保持正常運轉,並不斷得到改進,以求達到優質、高效、低耗、均衡、安全地進行生產,這就是現場管理。

1. 生產計劃的完成

不管是預定生產還是接單式生產,作為現場,有責任完成每日的生產計劃。完不成生產計劃也就完不成營銷計劃,對企業來說就不能產生利潤,這種狀態繼續下去企業也就不存在了。所以在進行生產的過程中,即使有一點點不良的情況,也不要說成是經營者或其他部門的原因,而必須負責任地去解決問題,從而完成生產計劃。

2. 產品品質的維持和提高

現場還負有防止不良品的發生,生產出符合規格的產品的責任。

作為生產現場不僅要生產符合規格的產品，還有必要在不提高成本的基礎上設法提高品質。否則，企業將在競爭中失去生存的機會。

3. 遵守交貨期和縮短交貨期

遵守與顧客約定的交貨期的責任主要在生產現場。但是有生產現場使用的材料送來遲了、工程中途發生不良、生產設備出現故障、工作災害的發生、預計不到的多數人缺勤等意外的情況。即使發生了這些情況，生產現場的管理、監督者也要盡一切力量遵守交貨期。此外還要想法縮短工期（製作產品的時間），從而達到縮短交貨期的目的。

4. 標準成本的維持和降低

生產現場有控制製造成本的責任，不僅維持標準成本，還要謀求降低成本，在市場競爭中取得價格優勢。

5. 機械設備的正常運轉和保養、點檢

正確使用生產現場的機械設備，定期地進行規定內容的點檢、保養工作。在異常發生時，修復設備也是生產現場的工作，否則完成不了計劃預定的生產數量。

6. 「5S」（整理、整頓、清潔、清掃、素養）的徹底性

「5S」在提高生產現場的生產效率、防止工作災害發生等方面，起著重要作用，所以每天都要徹底執行「5S」，否則就會走下坡路，導致妨礙生產的正常進行。

7. 工作災害的防止

生產現場有防止工作災害發生的責任。有責任排除不安全因素，並且排除不安全的操作行為。

2 生產現場的具體管理內容

1. 現場作業管理

這是現場管理中最基本的管理手段，目的是設計最優作業方法，主要包括動作的改善（減少基本動作的次數，縮短動作時間，使動作簡單化）、作業的簡易化（排除作業中的時間浪費，確定經濟合理的作業時間）、作業方法的標準化（作業者按固定流程、方法、時間作業）及作業時間的標準化（採用已確定的標準作業方法，用標準速度進行作業所需時間，可用來計算日工作量、工時、成本和所需人員、設置）。

2. 現場工序管理

(1)研究以人或物為中心的工序配置，通過工序分析、動作分析、時間分析，使現場作業各工序及作業時間合理化。

(2)改善多餘、不合理的操作順序，使工序質量、工序成本始終處於受控狀態。

(3)工序分析，一般分為製造加工、搬運、檢查、停滯工序。

①製造加工工序：主要研究加工機械和工裝的改善，縮短加工時間，使加工順序合理化，找出並去除多餘的操作。

②搬運工序：確定搬運方法，選擇合適的搬運機器，縮短搬運距離，減少搬運次數。

③檢查工序：研究檢查的必要性和檢查方法，決定檢查方式是全數檢查，還是抽樣檢查、重點檢查。

④停滯工序：研究庫存量大小、存入和保管方法。

可設置出工序分析圖，清楚地標明產品或零件加工順序，工序佔

用時間及加工、運輸、存放情況。一目了然地分析出此物品是否存在不必要的停滯？移動次數是否過多？移動方式有無問題？加工、檢查能否同時進行等。

3.現場材料管理

包括現場材料、零件、產成品的存儲、運輸等保證工序銜接、均衡生產的因素。在生產現場，要以最低成本，按計劃、按標準、按規定時間，將所需材料、物品送至規定場所。作業現場的物、料、工具應按技術要求和操作順序分類碼放。應做到平穩、整齊，防止滑落、傾倒，同時不應妨礙正常作業。

3 生產現場的改善

1.單純化方法

針對在同時進行或處理多樣工作時，容易產生浪費增多、效率下降的現象，盡可能以單純化手段達到生產目的。所謂單純化，首先，儘量減少在製品的工作，特別使工作簡單化；其次，採取限定材料、製品的形狀、尺寸、等級等手段，使工作具體化。單純化的結果是：使生產計劃簡單化、生產方法簡略、庫存積壓減少、批量增大。

2.標準化方法

⑴材料標準化方法

對產品、零件、材料、工裝等，儘量減少種類，在一定基礎上整理、統一具有相似形狀和特點的產品，確定相應標準。

表 5-1　現場自我評估表

基　本　要　求		評　　價				
		很好	好	一般	勉強	很不好
		5	4	3	2	1
優秀團隊的條件	⑴各方面都很精簡，沒有「人浮於事」的損失					
	⑵扁平化組織：上下級距離很短					
	⑶開放式的：透明度高，不搞小動作					
	⑷有適應變化的彈性					
	⑸工作的展開、資訊的傳達非常迅速					
	⑹事務的決定以多數一致為中心					
	⑺對員工能夠量才使用					
	⑻尊重現場和第一線的意見、吸納管道健全、對現場授權					
	⑼在組織內外都有競爭對手或激勵因素，能起到幫助員工成長的作用					
	⑽進行相互的檢查、控制，起到自淨、自律的作用					
優秀生產主管的條件	⑴每個人的思考、感覺、行動的自主性得到尊重					
	⑵打破舊習慣和既定方法的革新精神得到尊重					
	⑶敢冒風險的挑戰精神和行動得到尊重					
	⑷能夠迅速把握環境變化、市場變化、競爭狀況、技術進步，並予以對應					
優秀生產主管的條件	⑸對任務或項目，上下級、同事之間經常進行開放式的熱烈討論					
	⑹對於一個新的想法，不是採取否定理論，而是將可能的問題一個個解決，將優點發揚光大，貫徹培養理論					
	⑺班組是不同經歷、思考模式、專攻領域、個性等多樣化的成員結構					
合　計						

⑵作業標準化方法

指為使操作方法標準化而制定的作業標準。可以提高作業者的熟練程度，減少作業中的失誤，提高效率，穩定質量。

3.開展「5S」活動

開展「5S」活動是改善現場管理的基礎。內容包括：整理、整頓、清潔、清掃和素養。

4 使用甘特圖計劃法

甘特圖是對簡單項目進行計劃與排程的一種常用工具。它能使管理者先為項目各項活動做好進度安排，然後再隨著時間的推移，對比計劃進度與實際進度，進行監控工作。

某部門的計劃用甘特圖表示，如表 5-2。為作這張圖，負責項目的經理必須先找出項目所需的主要活動，然後再對各項活動進行時間估計，確定活動序列。做完這一切，圖上就能顯示出將要發生的所有活動，計劃持續時間，以及何時發生等資訊。然後，在項目進行的過程中，管理者還能看到那些活動先於進度安排，那些活動晚於進度安排，使管理者調整注意力到最需要加快速度的地方，使整個項目按期完成。

甘特圖的明顯優點就是簡單，這表明了這種方法的普及性。然而，甘特圖無法顯示活動之間的內在聯繫，可這些內在聯繫無疑對管理者確定以後的那一個活動將延期很重要。相反，有些活動則可能比較安全，因為它們不影響整個項目的進度安排。

表 5-2　甘特圖計劃法

活　　　動	開始	自項目開始時計算的週數									
		2	4	6	8	10	12	14	16	18	20
確定新辦公地址											
面試應聘者											
僱用和培訓員工											
選擇、訂購辦公傢俱											
改建與安裝電話											
傢俱接收並裝配											
遷入／開張											
		自項目開始時計算的週數									

5　生產主管要善用數據管理

數據它代表事實，代表精度，是科學的，是最好的標準，這也是生產管理的最基本要求。

1. 生產管理就是管數據

在管理實施過程中，生產主管要盡可能通過使用數據，使制度、標準、規則簡單明瞭，可操作性強。例如，關於產品保質期，「常溫下保質六個月」，就沒有「5℃～25℃保質約六個月」說明得清楚。

數據是最基本的管理工具，也可以說，生產管理就是管數據。數據可以分為數字數據、圖文數據兩大類型。數字數據最常見，在生產管理中應用也最為廣泛，但圖文數據在一定的環境中有特殊作用。

數字數據，如「提高產量 10%，成本下降 1%」等。

圖文數據，就是一些圖片資料，有些情況下圖文數據比數字數據更直觀、更有說服力。比如由於各種各樣的事故、意外造成班組停工，這個時候把現場拍攝下來留檔備查。對於分析事故原因，為上級處理提供依據，大有益處。因為圖片是第一時間拍攝的，沒有任何人為變動的痕跡，所以說服力最強。

對生產組員工作業動作進行拍攝，然後觀察、對比、發現不足，進而尋找改善的方法，可以使操作變得更加合理，避免不必要的動作浪費。

目視管理手法在班組中的應用可以讓潛在問題顯著化，使班組員工一看就懂，一學就會，對班組管理的改善很有好處。尤其是花費不多的管理看板的應用，更是班組提高效率、避免差錯的強大手段。這些也都是圖文數據在班組管理中的應用。

數據管理最主要的目的是通過對統計數據的分析對比，找出存在的不足，改進提高。

企業對這些數據有一個最基本的的要求，那就是真實，絕不容許有半點虛假。為了督促員工認真做好記錄，防止弄虛作假，工廠主任、班長不得不時常抽查。

2.生產主管的數據化管理方面

(1)用數據明確要求，讓班組員工知道怎樣做是正確的。例如，焊接厚度在 2.9～3.0 毫米之間。

(2)用數據明確標準，方便讓班組員工知道做到什麼程度是正確的。例如，員工每月請假次數不得高於 2 次。

(3)用數據明確目標，讓班組員工知道向何處努力。例如，今年班組產量要比去年提高 10%。

(4)用數據評估執行，讓班組員工知道計劃完成情況。例如，原計

劃單件產品用電 5 度,結果統計顯示,近段時間單件產品用電 4.5 度,比原計劃節約了 0.5 度電。

企業鍋爐班組在管理開展過程中,認識到工廠宿舍澡堂的用水量偏大,有一定程度的浪費,因為每個員工平均每月用水達到 5 立方,大大超過月用水 3 立方這一原計劃,認為這裏面有改進的空間。

於是他們著手解決這個問題,經過實地觀察,數據記錄,他們找到了四個可能的浪費點:

⑴溢流浪費:班組員工在向水槽內加水時,由於裝置老舊,不小心就會出現這邊加,那邊冒的現象,導致水白白地流掉。

⑵單人放水浪費:工廠員工洗澡時間不統一,每個員工來洗澡時都把水管裏的冷水放掉,造成不必要的浪費。

⑶長時洗澡浪費:很多員工洗澡都洗很長時間,甚至有個別員工能洗 2 小時以上,洗的時間長,自然用水就多。

⑷洗衣服浪費:有些員工把換洗衣服拿到澡堂內洗,這也增加了用水量。

提出一個解決辦法是:

⑴溢流浪費:更新裝置,其實只花了幾十塊錢。

⑵單人放水浪費:規定統一的開放時間:下午 16:40~17:40。

⑶長時洗澡浪費:向員工做好宣傳、解釋工作,要求員工洗澡時間以 15 分鐘為宜,最長不能超過 20 分鐘。大部份員工都能理解這一規定,並能很好地執行。同時,班組指定一名員工負責監督,發現有員工洗澡超時給予提醒,情節嚴重的做好記錄,呈報工廠處理。這一項,現在鍋爐班解決的不是很到位,最好的辦法是在每一個水龍頭上都安裝計時器,到一定時間自動停水。這是特別有效的措施,投入也不是很大。

⑷洗衣服浪費:在醒目處貼出通知,嚴禁員工在澡堂洗衣服,違

者處理。在澡堂洗衣服，員工本來就有點不好意思，沒有說破時，大家就抱著僥倖的心理，好像沒有人看見，一旦有明確的規定，個個都能遵守。

通過以上措施，成功把單個員工的月用水量由 5 方降低到 3 方，帶來了可觀的效益。

3.利用數據進行班組作業排序

作業排序是班組有計劃開展生產的基礎，班組要採用簡明、實用的方法做好這項工作。利用數據進行分析、比對後再對作業進行排序就是一個相當不錯的辦法。

每一個班組技術條件、生產狀況都有差異，安排生產日程表的要求也不一樣，但有一點要求是共同的，那就是對生產日程的安排必須能保證不窩工，達到最大化效益的人機配合。

4.利用數據控制技術狀況，切實保持班組產品品質

班組員工可以利用一些簡單的數據管理技巧，對班組產品品質進行控制。如，班組應對生產中出現的廢品(或不合格品)進行掌控，先要調查造成廢品的項目及這些項目所佔的比率大小。把預先設計好的表格放在生產現場，讓班組員工隨時在相應的欄裏面畫上記號，填寫數據，下班時做好統計，就可以及時掌握情況。

一個週期(一般為 1 個月)，班組要對收集到的數據匯總，列出產生廢品的原因，並在考慮解決難易程度的情況下，採取應對措施。

5.透過數據看到數據背後的現狀，找到班組管理漏洞

在班組日常管理中，可以通過採集數據、分析數據，找到班組管理改進的新途徑和新方法。

⑴把數據作為班組管理中最好的手段，注意原始數據的收集工作。收集數據的基本要求：真實、準確、及時。

⑵對比較龐雜的數據要做好歸類、整理工作。

　　班組數據分類的方法很多，例如按管理的類型、按組別、按產品品種等。班組可以根據具體情況選擇一種，按管理的類型是最常用的分類方法。

　　按管理類型，班組數據可以分為：技術數據、產量數據、質量數據、設備管理數據、成本數據等。

　　在分類的基礎上，還要做好班組數據的歸檔、整理工作，一個類型的數據可以按照時間的先後順序匯總，1 個月或 1 個季為一個考查期。

　　⑶通過數據的對比、分析，發現問題，找到解決問題的方法，使班組工作不斷的改善，這是班組數據化管理的根本目的。

圖 5-1　班組數據管理基本流程

現有數據統計 → 比較分析數據找出不足 → 針對不足查找原因 → 改進班組工作

心得欄

6 生產主管如何推行定置管理

定置管理是研究生產活動中，人、物、現場三者之間關係的一種方法。

定置管理通過運用調整生產現場的物品放置位置，處理好人與物、人與場所、物與場所的關係；通過整理，把與生產現場無關的物品清除掉；通過整頓，把生產場所需要的物品放在規定的位置。這種規定的位置要科學、合理，實現生產現場的規範化。

定置管理實際上是「5S」活動的一項基本內容，是「5S」活動的深入和發展。

1. 現場調查，明確問題點

對生產現場進行調查的內容一般包括：

(1) 生產現場中人——機聯繫情況；

(2) 物流情況；

(3) 員工操作情況；

(4) 生產作業面積和空間利用情況；

(5) 原材料、在製品管理情況；

(6) 半成品庫和中間庫的管理情況；

(7) 工位器具配備和使用情況；

(8) 生產現場物品擺放情況；

(9) 生產現場物品搬運情況；

(10) 質量保證和安全生產情況；

(11) 設備運轉和利用情況；

⑿生產中的消耗情況等。

調查應有側重點，在調查基礎上，找出主要問題。

2.分析問題，提出改善方案

主要分析內容有：

(1)人與物結合分析；

(2)現場物流狀況及搬運分析；

(3)現場資料流分析；

(4)技術路線和方法分析；

(5)現場利用狀況分析等。

工業工程(IE)中，分析方法有生產作業分析、作業研究、動作分析及時間分析等。

3.定置管理的設計

主要是對場地及生產所用物品和資訊媒介物確定合理的擺放位置。

(1)各種場地及各種物品的定置設計

其表現形式就是各類定置圖。定置設計，實質是工廠佈置的細化、具體化，它必須符合工廠佈置的基本要求。主要有：單一的流向和看得見的搬運路線；最大程度地利用空間；最大的操作方便和最小的不愉快；最短的運輸距離和最少的裝卸次數；切實的安全防護保障；最少的改進費用和統一標準；最大的靈活性及協調性。

(2)資訊媒介物的標準設計

如各區區域、通道、流動器具的位置資訊的標準設計；各種料架、工具箱、生活櫃、工位器具等物品的結構和編號的標準設計；位置台賬、物品確認卡片的標準設計；結合各種物品的專業管理方法，制定出各種物品進出、收發的定置管理辦法的設計等。

4.定置管理的實施

定置管理的實施是理論付諸實施的階段,也是定置管理工作的重點。它是按照定置管理的設計要求,對生產現場的材料、機械、操作者、方法進行科學的整理和整頓,將所有的物品定置,包括三個步驟:

⑴清除與生產無關之物

生產現場中凡與生產無關的物品,都要清除乾淨。這應本著節約精神,能轉變利用就轉變利用,不能轉變利用的,可變賣化為資金。

⑵按定置圖實施定置

各工廠(工段)、班組都應按照定置圖的要求,將生產現場、器具等物品進行分類、搬、轉、調整並予定位。定置的物要與圖相符,位置要準確,擺放要整齊,貯存要有器具。可移動物如推車、電動車等也要定置到適當的位置。

⑶放置標準資訊標牌

放置標準資訊標牌要做到牌、物、圖相符,設專人管理,不得隨意挪動。要以醒目和不妨礙生產操作為原則。

總之,定置管理實施必須做到:有圖必有物,有物必有區,有區必掛牌,有牌必分類,按區存放,按圖定置,按類存放,賬物一致。

5.定置管理考核

為了鞏固已取得的成果,進一步發現存在的問題,不斷完善定置管理,必須堅持定期檢查和考核工作。例如,檢查某工廠的三個班組定置區域,其中合格區(綠色標牌區)擺放 15 種零件,有 1 種沒有定置;待檢區(藍色標牌區),擺放 20 種零件,有 2 種沒有定置;返修區(紅色標牌區)擺放 3 種零件,有 1 種沒有定置。

7 什麼是標準化循環(SDCA)

1. PDCA 的提出

PDCA 循環的概念最早是由美國品質管理專家戴明提出來的，所以又稱為「戴明環」。

2. PDCA 的含義

PDCA 四個英文字母及其在 PDCA 循環中所代表的含義如下：

P（Plan）——計劃。確定方針和目標，確定活動計劃。

D（Do）——執行。實地去做，實現計劃中的內容。

C（Check）——檢查。總結執行計劃的結果，注意效果，找出問題。

A（Action）——行動。對總結檢查的結果進行處理，成功的經驗加以肯定並適當推廣、標準化，或制定作業指導書，便於以後工作時遵循；失敗的教訓加以總結，以免重現，未解決的問題應提給下一個 PDCA 循環去解決。

3. 什麼是標準化循環(SDCA)

標準化循環就是 SDCA 循環（Standiardzation Do Check Action，SDCA Cycle），即「標準化、執行、檢查、總結(調整)」模式，包括所有和改進過程相關的流程的更新(標準化)，並使其平穩運行，然後檢查過程，以確保其精確性，最後作出合理分析和調整使得過程能夠滿足願望和要求。SDCA 循環(標準化維持)的目的，就是標準化和穩定現有的流程。SDCA 的含義：

S 是標準，即企業為提高產品品質編制出的各種品質體系文件；

D 是執行，即執行品質體系文件；

C 是檢查，即對品質體系的內容審核和各種檢查；

A 是總結，即通過對品質體系的評審，作出相應處置。

不斷的 SDCA 循環將保證品質體系有效運行，以實現預期的品質目標。

成功的日常事務管理，可以濃縮為一個觀念：維持及改進標準。這不僅意味著遵照現行技術上、管理上及作業上的標準，也要改進現行的流程，以提升至更高的水準。

PDCA 與 SDCA 是企業提升管理水準的兩大輪子。PDCA 是使企業管理水準不斷提升的驅動力，而 SDCA 則是防止企業管理水準下滑的制動力。沒有標準化，企業不可能維持在較高的管理水準。每當現場作業出差錯時，生產主管都應當找出問題的根源，採取行動予以補救，並且改變工作的程序以解決問題。即推行標準化－執行－檢查－行動（SDCA）的循環工作程序。簡單來說，SDCA 以標準化和穩定現有的流程為目的。

圖 5-2　PDCA 循環/SDCA 循環圖

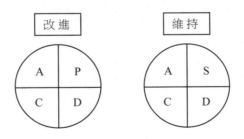

現場若已具備了標準，作業人員依照這些標準行事，而且沒有異常發生，此過程便是在掌握之中。下一個步驟便是調整現狀和提升標準至較高的水準，這就需要計劃－執行－檢查－行動（PDCA）的循環工作程序。簡單來說，PDCA 以提高流程的水準為目的。

在這兩個循環的最後一個階段，行動是指工作的標準化和穩定化，標準化因而與每個人的工作密不可分。標準化是保證品質的最好方法，也是工作上最節省成本的方法。

作業人員在每日的例行工作上，不是做對了工作，沒有異常發生，就是遭遇了異常狀況。這應該會引發兩種現象：檢查現行標準，或要建立一個新的標準。第一種管理狀況是要維持及保留現行的標準，亦即當作業人員遵循標準工作，並無異常發生時，此制度便是屬於「控制狀態之下」。一旦制度已在「控制狀態之下」，下一個挑戰即是去改進現有的水準。

假設一級有個要求，要將生產量提高 10%，最佳的方式是充分運用現有的資源，來配合這樣的要求。為達到這一目標，作業人員必須改變他們做事的方法；現行的標準也必須通過改善活動來提升水準。在此階段，工作已算是從「維持」的階段離開，朝「改善」的階段進行。

一旦這樣的改善開始進行，就可以建立一個嶄新及升過的標準以及穩定此一新程序的努力，而因此帶動新的「維持」階段。

4. SDCA 的活動步驟

SDCA 的活動步驟是：

(1) 標準化 (Standardization)

步驟 1：尋找與標準有差距的問題。召集有關員工把要改善的問題找出來。

步驟 2：研究現時方法。收集現時方法的數據，並作整理。

步驟 3：找出各種原因。找出每一個可能發生問題的原因。

(2) 實行 (Do)

步驟 4：標準化及制定解決方法。依據問題，找出解決方法，安排流程後，立即實行。

(3)檢查成效(Check the result)

步驟 5：檢查效果。收集、分析、檢查其解決方法是否達到預期效果。

(4)制定方法(Action)

步驟 6：把有效方法制度化。當方法證明有效後，將標準化作為工作守則，各員工必須遵守。

步驟 7：檢討成效並發展新目標。當前敘問題解決後，總結成效，並制定解決其他問題的方案。

圖 5-3　標準化效果示意圖

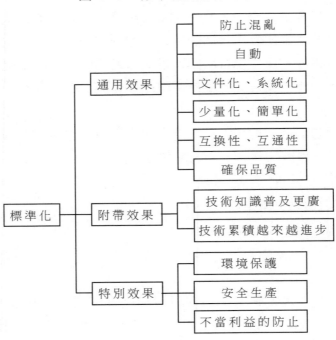

PDCA 循環是由美國品質管制專家威廉· 愛德華茲· 戴明提出的，其最主要目的是用於品質管制循環的保證體系中，所以又稱「戴

明環」。

它是由英語 Plan(計劃)、Do(實施)、Check(檢查)和 Action(處理) 4 個詞的第一個字母組成的。PDCA 循環保證體系反映了做品質管制工作必須經過的四個階段，也體現了全面品質管制的思想方法和工作程序。後來 PDCA 循環成為眾多個管理方法之一，被廣泛應用於各個方面。

這個管理循環包括生產經營活動必須經歷的四個階段和八個工作步驟。

PDCA 循環的四個階段與八個步驟如表 5-3 所示。

表 5-3　PDCA 循環階段

階　　段	步　　驟
計劃階段(P)	①設置目標 ②搜索與目標相關的資訊 ③找出最佳方案 ④制訂計劃工作表
實施階段(D)	⑤按計劃工作表執行工作
檢查階段(C)	⑥檢查執行情況
處理階段(A)	⑦對檢查結果進行修正 ⑧修正後再執行

1. 計劃階段 (P)

⑴分析現狀，找出問題。

⑵分析產生問題的原因。

⑶從各種原因中找出影響的主要原因。

⑷制訂目標計劃，制定措施。

2. 實施階段 (D)

執行計劃，落實措施。

3.檢查階段（C）

檢查計劃執行情況和措施實行效果。

4.處理階段（A）

⑴把有效措施納入各種標準或規程中加以鞏固，無效的不再實施。

⑵將遺留問題轉入下一個循環繼續解決。

PDCA 循環運轉時，大環套小環，一環扣一環；小環保大環，推動大循環。整個企業，各科室、工廠、工段和個人都有自己的 PDCA 管理循環，所有的循環圈都在轉動，並且相互協調，互相促進。上一級循環是下一級循環的依據，下一級循環是上一級循環的組成部份和具體保證。

⑶管理循環如同爬樓梯一樣螺旋式上升，每轉動一圈，就上升一步，並實現一個新的目標，不停轉動就不斷提高。如此反覆不斷地循環，品質問題不斷得到解決，管理水準、工作品質和產品品質就會步步提高。

學會使用 5W1H 方法。在不同的階段都可以使用。如在 P(計劃)階段的 5W1H 如下：

① 為何制訂此計劃(Why)？

② 計劃的目標是什麼(What)？

③ 何處執行此計劃(Where)？

④ 何時執行此計劃(When)？

⑤ 何人執行此計劃(Who)？

⑥ 如何執行此計劃(How)？

第 六 章

生產主管的生產計劃

1 生產作業計劃的編制

作為製造業企業的單位，生產作業計劃主要是服務於工廠（工廠）的生產計劃安排，因此，其作業以旬、日、班計劃為重點的，是直接指導員工進行生產活動的具體計劃和均衡組織生產、充分利用生產能力、提高生產率的有效方法，當然，生產作業計劃也是實現廠部、工廠生產計劃的重要保證。

旬、日計劃，是為保證月計劃的完成編制的分段計劃，旬或週計劃要根據上旬或上週的計劃實際完成情況和本旬或本週的實際條件，及存在的問題來制訂生產進度。一經下達，員工必須全力以赴，保證計劃的完成和超額完成。它是班組經濟責任制考核的主要依據。

企業的生產計劃包括產品產量計劃、產值計劃、產品出產進度計劃以及生產協作計劃等。這些計劃由一系列生產指標所構成，其主要指標有：產品品種指標、質量指標、產量指標、產值指標。這些指標

各有不同的內容和作用，並從不同的側面來反映對生產的要求。

圖 6-1　生產計劃管理流程

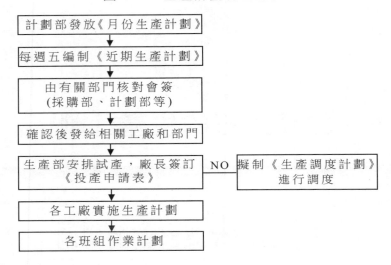

1.品種指標

產品品種指標，是企業在計劃期內出產的產品品名和品種數（包括新產品的品種數）。產品品種按具體產品的用途、型號、規格來劃分。這一指標不僅反映企業在產品品種方面滿足市場需要的程度，也反映了企業的生產技術水準和管理水準。生產主管應該在廣泛實行專業化協作和大力開展系列化、標準化、通用化的基礎上，不斷增加產品品種，特別是發展那些客戶急需的大型、精密、尖端產品，填補產品空白，提高產品配套水準，增加外貿出口能力，與此同時，也要堅決淘汰那些效率低、性能差、能源及原材料消耗大的落後產品。

2.質量指標

質量指標，是指生產部門在計劃期內提高產品質量應達到的指標。常用的綜合性質量指標是產品品級指標，如合格品率、一等品率、優質品率。此外，在生產主管指導編制的生產計劃中還列有反映生產

過程工作質量的指標，如鑄件廢品率、機械加工廢品率、成品交檢一次合格率等。質量指標既反映了企業生產的產品滿足用戶使用要求的程度，也反映了企業的生產技術水準和管理水準。如優質品率的提高，說明企業能以更多的優質產品提供給客戶，也是企業提高技術水準和管理水準的結果。

3. 產量指標

產量指標，是指企業在計劃期內出產的符合質量標準的工業產品數量。產量指標一般以實物單位計量，例如汽車以「輛」表示，機床以「台」表示，軸承以「套」表示等。有些產品僅用一種實物單位計量並不能充分表明其使用價值的大小，而用複式單位計量，如拖拉機用「台/馬力」表示，電動機用「台/瓦」表示。

產品產量包括成品及準備出售的半成品的數量。成品是指在本企業生產完畢後不再進行加工的產品。成品中包括：企業的基本產品，供本企業非生產部門使用的半成品，符合固定資產條件的自製設備，出售的工具動力等。

準備出售的半成品(零件、毛坯)是在本企業完成了其中一個或幾個技術階段，但尚未完成產品全部技術階段而準備出售的製品。

不合格品、進一步用於本企業生產的各種半成品、外售廢品、未經本廠加工而轉售的產品等不能列入產品產量中。

產品產量指標反映企業向社會提供的使用價值的數量以及企業生產發展的水準。產品產量指標也是進行產銷平衡、產供平衡、制定成本和利潤計劃以及工資和生產作業計劃等的主要依據。

4. 產值指標

產值指標，是用貨幣表示的產量指標。為了進行商品交換，實行企業核算以及綜合地反映企業生產的總成果，有必要採用貨幣形式來表示產品產量。

2 生產前要進行那些準備

生產準備是新產品從開始試產到批量正常生產的整個過程中，為了確保新產品能夠按計劃順利進行試產、批量生產，保證產品品質，而進行的相關人員培訓、指導書制定、物料調配、設備(含工裝、量具、工具)的準備活動。這個活動過程通常也稱為生產準備階段。

生產準備工作的品質直接決定了生產的實際效果如何。生產準備工作主要包括：技術文件方面的準備、原材料和外協件的準備、機器設備的檢修準備、技術裝備的設計和製造、人員方面的準備、生產準備計劃編制、設備和生產面積的負荷程度核算及任務分配平衡。這些直接關係到最終生產效果的準備工作，沒有基層班組成員的參與是不可想像的，特別是人員的負荷和設備的負荷，只有基層班組成員才真正具有發言權。因此，班組長應該積極參與和配合生產準備工作，以實現生產的最佳效益。

1. 技術文件方面的準備

技術文件(如產品和零件的圖紙、裝配系統圖、毛坯和零件的技術規程、材料消耗定額和工時定額等)是制訂計劃和組織生產活動的重要依據。新的或經過修改的技術文件，應當根據生產作業計劃的進度，提前發送到有關的生產管理科室、工廠和部門，以便有關部門安排生產作業計劃並事先熟悉技術文件的要求。

2. 原材料和外協件的準備

進行生產，必須具備品種齊全、品質合格、數量合適的各種原料、材料和外協件等。

　　這些材料由材料供應部門根據生產任務編制物資供應計劃並進行必要的訂貨和採購，由於生產任務的變動，或由於物資供應計劃在執行中的變化，生產部門在編制生產作業計劃時，必須同物資供應部門配合，對一些主要原材料、外協件的儲備量和供應進度進行檢查。材料供應部門要千方百計滿足生產的需要；生產管理部門則要根據材料的實際儲備和供應情況，及時對計劃進行必要的調整，避免發生停工待料的現象。

3.機器設備的檢修準備

　　機器設備是否處於良好的狀態，能不能正常運轉，是保證完成生產作業計劃的一個重要條件。生產管理部門在安排作業計劃時，要按照設備修理計劃，提前為待修設備建立在製品儲備，或者將生產任務安排在其他設備上進行，以便保證設備按期檢修。機修部門要按照計劃規定的檢修期限，提前做好檢查、配件等準備工作，按期把設備檢修好。

4.技術裝備的設計和製造

　　產品製造過程中的各種工具、量具、夾具、模具等裝備，是保證生產作業計劃正常進行的一項重要的物質條件。編制生產作業計劃時，要檢查技術裝備的庫存情況和保證程度。有的要及時申請外購，有的要技術裝備部門及時設計和製造，有的則要檢修和補充。

5.人員方面的準備

　　由於生產任務和生產條件的變化，有時各工種之間會出現人員配備的不平衡現象，這就要根據生產作業計劃的安排，提前做好某些環節人員的調配，保證生產作業計劃的執行。

6.編制生產準備計劃

　　生產準備計劃要與生產作業計劃銜接一致。在生產準備計劃中，要明確規定各項準備工作的內容、要求、進度和執行單位。

7.核算設備和生產現場的負荷程度

為了落實生產作業計劃，在規定工廠生產作業計劃任務時，還需要核算設備和生產現場的負荷程度，發現薄弱環節，制定和實現克服薄弱環節的措施，以便保證生產任務的實現，並消除負荷不均衡等現象。

由於在編制年度生產計劃時已經進行過設備負荷的核算，在大量生產和定期成批生產中，如果月生產任務與全年生產任務安排一致，就不需要每月再核算設備的負荷；如果有變動，就需要核算負荷。這時，也不需全面核算，往往是按最大日產量(或最大的生產間隔期產量)核算關鍵性設備和薄弱環節的負荷情況。

在不定期成批生產和單件生產中，通常在編制年度計劃時還不能進行設備負荷的詳細核算，所以必須每月按設備組分別核算其負荷程度。為了使全月均衡負荷，還需要按旬或週來分別核算。

對於平行的工廠，即技術相同而產品不同的工廠，計劃任務的分配首先應該按其產品專業化的特點決定。但是經過設備負荷核算以後如果發現各平行工廠的任務不平衡，也需要適當地改變任務的分配情況。

心得欄 _____
_____
_____
_____
_____
_____

3 各種生產計劃

1. 月生產計劃

計劃是指預先決定要做什麼、如何做、何時做、由誰做以及目標是什麼等。儘管生產計劃多種多樣，值得生產主管關心的計劃不外乎下述幾種：月生產計劃、週生產計劃、日生產計劃、人員培訓計劃及輪流值日計劃。

月生產計劃實際上是一種準備計劃，它是生管部門以年度計劃和訂單為依據，綜合企業最近生產實際而制定的。該計劃一般要提前一到兩個月制定，覆蓋週期為一個月，內容主要包括產品的型號、批號、批量、產量、生產組別等，製成後報副總經理，副總經理批准後發送到各相關部門執行。

月生產計劃的目的是做好生產前準備工作，如有問題，必須事先向上通報。

當生產主管接到最新的月生產計劃時，首先要仔細確認與自己相關的內容，如有疑慮，用螢光筆標識問題點後，迅速報告；如沒有問題，簽名後張貼於班組的看板上。另外，生產主管還應識別計劃中的生產要求，準備「4M1E」因素所關聯的需求事項。如果計劃生產的產品全部都是老產品，發行日期允許提前一個月；但如果有新產品或試產品，則必須提前兩個月。

2. 週生產計劃

每週工作計劃既要包括上週未完成的事項，也要包括本週要處理的事項。該計劃制定的目的是督促班組的活動，使班組成員做到按部

就班地工作。

週生產計劃是生管部根據生產資訊變化和相關部門實際準備情況而制定的用來安排生產的計劃。它除了具有準備性外，但更具有可執行性。

(1)週生產計劃內容

①與生產相關的工程、品質、技術等文件資料得到落實。

②生產人員已全部到位，並已接受了必要的培訓。

③顧客的訂單被再次確認，供應商的材料也有了著落。

④庫存與出貨情況基本明瞭，再生產時不會造成積壓。

⑤計劃表覆蓋了兩週的內容，但定性的只有第一週，第二週只是參考。

⑥在計劃發佈的當天，如果接收者沒有提出回饋意見，將被認為接受。

在做週工作計劃時，一定要把上週遺留事項與本週待處理事項的具體情況羅列出來，並註明責任人、完成日期及完成狀況。

(2)週生產計劃準備

由於週生產計劃的管理期限比較短，所以，對於生產主管來說，週生產計劃比月生產計劃更顯得實用些。生產主管在做週計劃時需要做好以下準備工作。

①計劃確認無誤後，下達給各生產小組長，讓他們安排工作。

②主要是消除各種變異因素對計劃可能產生的影響，如材料不到位、場地籌劃欠妥、技術指標變更、技術更改、機器維修、添置工具和治具等。

③進一步落實計劃項目的執行性，除非特殊情形許可外，各種準備事項原則上應提前一天全部完成。

④著手準備日生產計劃實施方案，向工廠主任報告。

　　週生產計劃的格式與月生產計劃的格式相類似，但有些行業為了能突出管理要點，也可以由生管部門另行設計格式。該計劃應在上週三前製成，並在生產協調會議商討後發給各相關部門執行。下達後的週生產計劃一般不予變更，但生產事故、重要顧客的緊急訂單等特殊情況除外。

3.日生產計劃

　　日生產計劃是生產現場唯一需要絕對執行的一種計劃，它是生產現場各製造部門以週生產計劃為依據，給各班組做出的每日工作安排。制定的責任者是工廠主任，制定方式是在生產例會上以口頭形式核准週計劃中的內容，然後，再由生產主管按規定格式寫在各自班組的看板上。生產主管應按以下要求處理：

　　⑴計劃內容是鐵定的，容不得半點疑問，不能完成要承擔責任。

　　⑵不能按時段完成計劃時，需要立即採取措施，如申請人員支援、提高速度或加班等。

　　⑶超額完成數量，需提前報告。

　　⑷計劃中分時段規定生產數量，以便及時跟蹤。

　　⑸該計劃是生產主管制定生產日報的依據。

4.輪流值日計劃

　　班組常見的輪流值日計劃，有工作值勤計劃和衛生輪值計劃兩種。許多企業實行輪班制，班組需要安排人員值勤。

　　工作值勤計劃主要是安排非日常班組（如夜班、節假日值班等）的工作事務。一般在公司制度裏，工作值勤計劃都有明文規定，作為生產主管一定要理解透徹，以便一方面有效地貫徹實施，另一方面可以為其他人員做解釋。

4 如何編制生產計劃

計劃是一切工作的開始,好的計劃是成功的一半。工廠生產計劃的內容包括人員的安排、設備的配置、物料的配合、生產週期的確定、技術與工序的編排以及品質的控制等。

生產計劃包括生產部計劃、生產計劃和班組計劃。班組計劃由生產主管制定。

1. 班組欠缺生產計劃的現象

⑴交貨期拖延。

⑵不能按時完成計劃。

⑶計劃指示牌多日不換。

⑷計劃單塗改嚴重。

⑸現場混亂。

⑹現場在製品堆積。

⑺某些零件堆放日久沒人去處理。

⑻物料供應銜接不上。

⑼員工有時加班加點,有時無事放假。

⑽有的班組忙,有的班組閑。

⑾員工和生產主管常常不知所措。

⑿問起進度時常答不上。

⒀工序之間常因不能按時交貨發生爭吵或投訴。

⒁到處抱怨來不及交貨。

2.班組生產計劃的特點

⑴班組計劃比生產計劃更具體，它將計劃落實到個人，明確規定每一個工作日班組的工作任務。

⑵班組計劃中的工作任務分配，時間跨度一般不超過一星期。

⑶班組計劃要求儘量準確，各類指標如品種指標、質量指標、產量指標要明確，完成時間要確切，在人員、設備、物料配置方面要具體。

⑷班組計劃一般要在 3 天前或 12 小時前完成。

⑸一般如果沒有重大變化，不作改動，以保持其嚴肅性。

3.生產計劃安排技巧

⑴排程優先原則

①交貨期原則——交期愈前面，優先排產；

②客戶原則——重要客戶做重點管理；

③瓶頸原則——工程瓶頸或機器負荷大的應予注意，不可讓其中間停產；

④工序原則——越多工序，工程時間越長，時間上應注意。

⑵交貨進度落後應採取的對策

①提升產量——增加瓶頸之人員及機器；增加輪班；部份工作委託加工。

②延長工作時間——除加班外還可休假日調班。

③減少緊急訂單插入（生產計劃應留有 5%的產能餘地作訂單追加用，但貨緊時應節制緊急訂單插入）。

④協調出貨計劃（與上級或客戶協商延後）。

4.生產計劃編制程序

生產計劃的編制是生產管理當中極為重要的一項工作，生產主管在編制班組生產計劃時，應要求其遵循以下程序：

(1)調查研究，收集資料

制定企業生產計劃的主要依據是工廠生產計劃、上期班組計劃的完成情況，組織技術措施計劃與執行情況，計劃生產能力與產品定額，物資供應、設備檢修、工作調配等方面的資料等。

(2)綜合平衡，確定班組計劃指標

在編制計劃時，要將需要與可能結合起來，把初步提出的生產計劃指標同各方面的條件進行平衡，使生產任務得到落實。主要包括：

①生產任務與生產能力之間的平衡，測算設備對生產任務的保證程度。

②生產任務與工作間的平衡。

③生產任務與物資供應之間的平衡，測算主要原材料、動力、工具、外協件對生產任務的保證程度及生產任務同材料消耗水準的適應程度。

④生產任務與生產技術準備的平衡，測算技術準備、設備維修、技術措施等與生產任務的適應和銜接程度。

(3)報請上級批准或備案，最後確定生產指標

制定的生產計劃，經過反覆核算和平衡，最後編制出班組計劃表，交給生產主管。

表 6-1　班組生產計劃表

裁剪工廠(　)組生產日計劃				編號：			
作業員	產品編號及名稱	花色	工序	訂單數量	合格數量	訂貨單位	備註

審批：　　　　日期：　　　　製表：　　　　日期：

5 日常生產派工

日常生產派工是執行生產作業計劃、控制生產進度的具體手段。日常生產派工，一般由生產主管根據班組的生產作業計劃及生產進度，為各個工作地具體地分派生產任務，並檢查各項生產準備工作，保證現場按生產作業計劃進行生產活動。通過派工指令把生產作業計劃任務進一步具體分解為各個工作地在更短時期內(如週、日、輪班、小時)的生產任務。

1.日常生產派工內容

它一般由生產主管負責進行。派工分為兩部份，即準備和開始。準備包括：檢查技術文件；工具申請書；材料搬運通知；設備調整通知。開始包括：安排作業進度；下達工作指令；下達檢查指令等。

2.日常生產派工的方式

因工廠、班組的生產類型不同，派工方式各不相同，主要有以下幾點：

(1)標準派工法

這種方法適用於大批量生產的單位。大批大量生產的現場，每個工作崗位和員工固定完成一道或幾道工序，在這種條件下，首選編制標準計劃或標準工作指示圖表，它是一種標識在製品在各個工作崗位的加工工序、加工順序、期限、數量、員工工作安排的表格。在正常生產情況下，表格上的資料都是作業標準。有了標準計劃，便可指導各工作崗位的日常生產活動，若當月產量任務有變動時，派工時要對日產量任務作適當的調整。

(2)定期派工法

這種方法適用於成批生產。根據月生產作業計劃，每隔旬、週或三日，定期為每個工作地分派工作任務。派工時要考慮保證生產進度，充分利用設備能力，同時要編制零件加工進度計劃和設備負荷計劃。派工時還要區別輕重緩急，保證關鍵零件的加工進度和關鍵設備負荷飽滿，分配給每個人工作地和員工的任務能符合設備的特點和員工的生產技術水準。

(3)臨時派工法

這種方法適用於單件小批生產。在單件小批生產條件下，生產任務雜且數量不定，各工作地擔負的工序和加工的零件品種多、數量小，所以一般都採用臨時派工法。控制生產進度，也主要靠臨時派工來調整生產現場中人力和設備的使用。這種方法是根據生產任務和生產準備工作的實際狀況，根據生產現場的實際負荷狀況，隨時把需要完成的生產任務下達到各個工作地。

分配任務時一般都採用任務分配箱作為派工的工具，該箱為每個工作地設三個空格，分別存放已指定、已準備、已完工的生產任務單。當工作地被指定完成一項新任務，正在進行準備工作時，任務單放在「已指定」一格。當工作地完成作業準備工作，開始加工時，將任務單從「已指定」一格取出，放入「已準備」一格。當工作地完成作業後，將任務單從「已準備」一格取出，放入「已完工」一格。

利用任務分配箱可以幫助生產主管隨時掌握各工作地任務分配情況、準備情況及工作進度。

(4)輪換派工法

對一些工作條件比較惡劣或可使員工身體的某些部位高度緊張，容易造成疲勞的工作崗位，可以實行輪換派工法。在每個輪班內，可讓員工們一半時間在該工作崗位工作，一半時間換到其他工作崗位工

作，以減少和消除他們的過度疲勞和不適感，保持其情緒穩定。

3.派工指令

派工指令亦稱派工單，是基本的生產憑證之一。它除了具有開始作業、發料、搬運、檢驗等生產指令的作用以外，還有控制在製品數量、檢查生產進度、核算生產成本等原始憑證的作用。正確使用派工單，選擇適合工廠生產特點的派工單形式，建立健全派工單運行制度，對於建立正常生產秩序具有重要作用。

派工單的具體形式有：

(1)加工路線單

加工路線單也叫跟單或長票，它是以零件為單位綜合發佈的指令，指導員工依技術路線順序進行加工，並隨零件一起運行，各道工序共用一張生產指令（表 5-2 為加工路線單的一種形式）。其優點是有利於控制在製品流轉，加強上下工序銜接；缺點是一票到底，週圍環節多，易於汙損和丟失，也不利於生產主管及時掌握情況。加工路線單適用於生產批量小的零件，或者批量雖大但工序較少、生產週期較短的零件。

(2)工序工票

又稱工序票或短票，它是以工序為單位，一序一票，一個零件加工過程中有多少道工序就有多少張工序票。優點是週轉時間短，不易丟失和污損；缺點是一序一票，管理工作量大，適用於批量大的零件。

(3)看板

又稱傳票卡。它是領料、送貨和生產的指令。沒有看板不領料，後工序根據加工完畢零件的看板到前工序去領料，沒有看板不運送，搬運員工根據看板數量在工序間運送零件；沒有看板不生產，前工序根據後工序送來的看板決定生產數量，不多也不少。它嚴格地控制前後工序之間的在製品流轉數量，從而達到減少在製品儲備量的目的。

6 生產作業的控制

　　生產作業計劃的編制，僅為日常活動提出了目標和根據。在生產活動的展開和計劃執行的過程中，還會出現很多預料不到的不平衡。要消除這些影響，還必須使用強有力的生產作業控制手段。生產作業控制是以生產作業計劃為標準和依據，監督、檢查生產作業的實際運行情況，及時發現偏差，採取措施消除偏差，以保證生產作業計劃的順利完成。生產作業計劃是生產作業控制的基礎，生產作業控制是生產作業計劃工作的繼續，是實現生產作業計劃的基本保證，也是生產管理的基本職能之一。

1.生產作業控制的任務

　　生產控制的任務大體有作業安排、測定偏差、偏差處理和提供計劃執行資訊四個方面。

(1)作業安排

　　即檢查生產計劃規定的各個事項(材料、工夾具、機床設備、外協件和人員等)是否按指令做好了準備，核實現有負荷和加工餘力，按日程計劃對每個操作人員進行作業分配，下達開始作業的指令。

(2)測定偏差

　　為了保證交貨期和計劃產量，在作業進行過程中要不斷地檢查計劃和實際之間是否存在著差距。一般對三個方面進行重點控制：進度管理、在製品管理和加工餘力管理。

(3)偏差的處理

　　當計劃與實際產生差距時，應按照產生差距的原因、差距的內容

和大小，採取相應措施處理。調整和消除差距可以採取以下措施：

預測差距的發生，事先採取利用加工餘力、更改作業開始的順序、加班、外協、利用庫存、返修廢次品等措施；

將差距向生產計劃反饋，將差距納入計劃，再重排計劃；

將差距向生產計劃部門反饋，將差距的修正量編入下期以後的計劃之中。

(4)提供執行計劃的資料

作業結束以後，通過對計劃與執行結果的比較，綜合研究和評價交貨期、生產數量、質量和成本等，以及加工餘力和庫存量的變化，作為下期計劃的資料。

2.生產作業控制的內容和步驟

生產作業控制主要包括三個方面的要素：

⑴標準，即制定生產作業計劃及其依據的各種標準；

⑵資料，即取得實際執行結果同原有標準之間將要產生或已經產生偏差的資料；

⑶措施，即對將要產生或已經產生的偏差，作出解決偏差的措施。

這三個要素是缺一不可的。生產作業控制步驟是同構成生產作業控制的三個要素分不開的，可以說，這三個要素之間的關係，決定了生產作業控制的步驟。生產作業控制的步驟有三步：第一步，確定生產作業控制標準——生產作業計劃；第二步，檢測執行結果與標準進行比較；第三步，採取糾正偏差的措施。

生產作業控制的主要內容包括：產前準備、生產調度、生產作業的現場控制等方面。

3.生產調度工作

生產調度是生產作業控制的核心。

生產調度工作是幫助組織實現生產作業計劃的工作，它必須以生

產作業計劃為指導，生產作業計劃也要依靠生產調度工作去實現。生產調度是企業生產指揮組成部份，是對生產作業直接實施監督、管制、調節和校正工作的有力手段。

生產調度就是根據班組生產作業計劃的要求，對班組生產活動實施有效的監督、指揮、控制和調節，及時處理各種問題，保證生產作業計劃按時按量的完成。

生產調度工作的主要內容包括以下幾個方面：

⑴生產作業現場控制。現場控制是生產作業控制的主體，是生產調度工作的主要環節。檢查各個環節的原材料、零件、毛坯、半成品、外協件的投入和出產進度，以及對現場在製品流轉的動態控制，及時發現生產作業計劃執行過程中的問題，並向有關主管反映情況，積極採取措施加以解決。

⑵檢查、督促和協調各有關部門及時做好作業準備工作。

⑶根據生產需要，合理調整工作組織，調配好工作，組織好工作地的供應、服務工作。

⑷各個生產環節和上下工序、單位之間的配合協作。

⑸做好對輪班、晝夜、週、旬及月班組生產作業計劃完成情況的統計和分析工作，掌握生產的薄弱環節和不利因素。

7 要制定作業指導書

1. 作業指導書的定義

所謂作業指導書，是指用於具體指導現場生產或管理工作，是作業指導者對作業者進行標準作業的正確指導的基準。

作業指導書基於零件能力表、作業組合單而製成，是隨著作業的順序，對符合每條生產線的生產數量的每個人的作業內容及安全、品質的要點進行明示。作業指導書規定了作業的機器配置，記錄了週期時間、作業順序、標準持有量，此外，還記錄了在什麼地方用怎樣的方法進行品質檢查。如果作業者按照指導書進行作業，一定能確實、快速、安全地完成作業。

作業指導書是廠長、質管人員及現場管理員以上級別人員進行工作的依據，以此可明瞭產品的流程、特性，以易於控制產品的品質、成本及產量。

2. 作業指導書作業細則

技術部門接到客戶所給的樣品或企業自己的開發設計時，應先繪製藍圖，然後設計、試造，經過客戶的確認，寫成作業工程程序圖，提供給生產管理部門安排時程、人力，預估產能及是否需要外協廠商等；提供給品質管理部門作 QC 工程圖，作為檢查標準的依據。

工程程序圖提供給生產管理部門、品質管理部門及現場作業部門，作為大量生產的時程表和品質管理的檢驗標準。將來這一份資料還需回饋給技術部門，使之成為下一次的製造經驗。

3.作業指導書的制定與管理

對製造業來說，要想使品質和效率在穩定的條件下提升，首先就要控制生產條件。生產條件中最複雜的因素就是作業方法。它直接涉及使用人員、設備、材料等因素。

作業者的主觀性和設備材料的客觀性，又綜合影響著指導書的運用。生產主管如何制定指導書（或由技術部門製作指導書），是極為重要的一環。

(1)作業方法管理的實質

作業方法一般通過作業指導書、保證工程流程圖、標準作業單等體現和固定下來。所以作業方法的管理，實際上也是對以上三種指導書的制定、發行、修訂的過程。

①所有成品的重要工程應做成「保證工程流程圖」進行管理。

②對組裝作業、調整檢查作業、包裝作業須做成指導書進行控制，修理作業須制定出修理手冊進行管理，配料、搬送、組裝前準備工作則做成簡易指導書進行管理。

③部份作業重點、機種相異零件等須做成「標準作業單」進行管理。

(2)指導書的制定

①指導書分類。

一般分為組裝指導書、調整指導書、檢查指導書、收尾指導書、包裝指導書、備件指導書、搬送指導書、配料指導書及修理手冊等。對於一些有圖紙就可以進行的簡單作業，應以書面的形式明確下來。

②指導書的內容。

作業指導書中必須包括以下項目：

作業名、順序、加工條件(加工方法)、材料、管理要點(含頻率)、使用設備(治工具)、適用機種、管理號、作成日、作成者印、審查印、

承認印、改訂欄等。

　　③**指導書制定的依據**。

　　‧量產前根據設計部、研發技術部發行的組裝重點管理書、保證
項目一覽表、零件構成圖、保證工程表，製造部在此基礎上作
成組裝指導書、調整指導書和檢查指導書。

　　‧包裝指導書根據研發技術部發行的包裝式樣書作成。

　　‧備件指導書根據包裝式樣書作成，當該指示裏沒有明確規定備
件的做法時，應向技術部申請具體方法的指導。

　　‧配料指導書根據生產管理室發行的零件構成圖及組裝區的工程
設定作成。

　　⑶**指導書的保管和運用**

　　①按標準作業是指按照作業標準進行作業，因此指導書制定後，
必須複印一份放置在可以馬上看見（取出）的地方。原稿則由文書管理
人員統一保管。

　　②在使用過程中若發現指導書有髒汙、破損，但內容仍可以理解
時，應及時修補；若內容無法理解，或指導書不能修補時，應重新制
定。

　　③指導書的制定、改訂、廢棄以及每月的日常維護應作成「作業
指導書管理台賬」進行管理。

　　④教育和監督作業人員嚴格按照作業指導書操作。

表 6-2　球鞋車面料作業指導書

作業名稱：車面料	編號：
	主辦部門：

1 目的

為規範車面料的作業行為，保證車面料品質，特制定本作業指導書。

2 範圍

本指導書適用於車面料作業。

3 作業程序

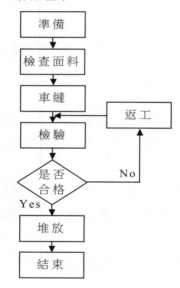

4 作業內容

4.1 準備。

檢查電車是否正常，根據生產任務單的要求，領取相應型號、規格的面料及輔助用料。

4.2 檢查面料。

4.2.1 檢查面料有無破損、有無髒汙、有無斷線、跳線和漏線，有破損和髒汙時應處理好，有跳線和漏線時應及時補好。

4.2.2 檢查涼席、拉鏈、無紡布、通花、海綿芯等是否符合要求。

4.2.3 檢查側邊的厚度、長度、寬度及顏色是否符合要求。

4.3 車縫。

4.3.1 車商標。

a.根據生產任務單的要求，領取和生產單要求相同的商標。

b.用商標範本在面料正面布上畫線定位。

c.選用規定的品牌型號縫製布標，先縫製正標，再縫製斜標。

d.正布標縫製平整、端正，邊距相等，偏差±10mm，底距200mm，允許偏差±10mm；分別與面料長、寬兩邊平行，布標縫製不能有皺折。

4.3.2 補跳線、漏線。

根據面料或側邊的圖案，對跳線、漏線處縫補。

4.3.3 面料包邊及拉鏈安裝。

a.包邊飽滿，走線平直，轉角圓順，無斷線、跳線和漏線。邊帶顏色與面料顏色搭配一致，邊帶接口≤2個。

b.拉鏈安裝平直，邊帶緊靠拉鏈牙，但不得覆蓋拉鏈牙，走線均勻，不得斷線、跳線和漏線。

4.3.4 車通花。

走線均勻、平直，壓線子口5mm，允許偏差±10mm以內。

4.3.5 接側邊。

a.側邊顏色、圖案與面料顏色、圖案搭配一致，側邊厚薄搭配一致，側邊花紋搭配一致。

b.側邊接口≤4個，特殊情況只允許1個。

c.將品質卡縫製在床墊接口處的橫方。

4.3.6 車面料。

走線均勻、平直，保持面料表面無明顯皺褶，無斷線、跳線和漏線，交接處重疊吻合，每10mm針距3～4針，車線子口為15mm，允許偏差±1mm。

4.3.7 車拉布。

車線平直、均勻，不得有皺褶，無斷線、跳線和漏線。

滌棉布、棉布和化纖布拉布子口為20mm，允許偏差±2mm；絨布和織錦布拉布子口為15mm，允許偏差±2mm。

4.4 檢驗。

4.4.1 車縫前檢查面料是否符合生產所需。

4.4.2 縫製過程中自檢縫製品質。

4.4.3 縫製完畢仔細檢查每件面料的品質，合格後將轉入下一道工序，否則作返工處理。

4.5 堆放車縫好後，自檢並在品質卡上填寫自己的工號，同時按指定的位

置分類成套整齊堆放，待轉入下一道工序。

4.6 結束。

4.6.1 整理工位，保持現場整潔。

4.6.2 填寫相關記錄。

5 注意事項

5.1 自檢面料的縫製品質。

5.2 布標選用符合品牌要求。

5.3 下班時關閉用電設備，對電車注油保養並進行安全檢查。

8 生產作業要標準化

1. 標準化的特徵

標準化是指應用流程使作業人員更安全、更容易地工作，以及企業為確保顧客、質量及生產力的最有效工作方式。它有兩種不同的形態：「管理標準」和「作業標準」。「管理標準」是指管理員工的行政工作所必需的，包含管理規章、人事規則以及政策、工作說明書、會計制度等等。「作業標準」具有以下幾個主要特徵：

(1)代表最好、最容易與最安全的工作方法

標準化是集合員工工作多年的智慧及技巧的結晶。當要維持及改進某件事的特定工作方式時，要確認不同班別的所有作業人員，都遵守同樣的程序。這些標準就能成為最有效率、安全、成本效益的工作方法。

(2)提供一個保存技巧和專業技術的最佳方法

如果一個員工知道工作的最佳方法，卻沒有將此知識分享出來，這些知識將會隨著員工的流失而流失。惟有予以標準化、制度化，這

些知識才得以保留在公司內。

(3)是衡量績效的基準和依據

憑藉所建立的標準，管理人員可以評估工作的績效，沒有標準，就沒有公正的方法來衡量了。

(4)表現出因果之間的關係

沒有標準或是不遵守標準，一定會發生異常、變異及浪費。

(5)提供維持及改善的基礎

遵守標準即為「維持」，而提高標準則為「改善」。沒有標準，就沒有改善，因此標準是「維持」及「改善」的基礎。

(6)作為目標及訓練的依據和目的

一旦建立了標準，下一個步驟即是訓練作業員，使其能習慣成為自然，依照標準去工作。

(7)現場工作檢查和判斷的依據

在現場，工作標準經常被展示出來，作為作業員工作的主要步驟及檢查點。無疑，這些標準可作為提醒作業員之用，但是更重要的是，它有助於管理人員檢查工作是否正常地進行，標準是否正被執行著。

(8)防止問題發生及變異最小化的方法

只有在改善的成果予以標準化後，才能期望相同的問題不會再發生。質量控制亦指變異控制。生產主管的任務是要對每一個流程的主要控制點予以確認、定義及標準化，而且要確認這些控制點經常都能被執行著。

2.標準化的種類

根據作用對象的不同，我們常把標準分為兩類，一是程序類標準；二是規範類標準。程序類標準是指規定工作方法的標準，如程序文件、作業指導書；規範類標準是指規定工作結果的標準，如技術規範等。

圖 6-2　根據作用對象不同的標準分類

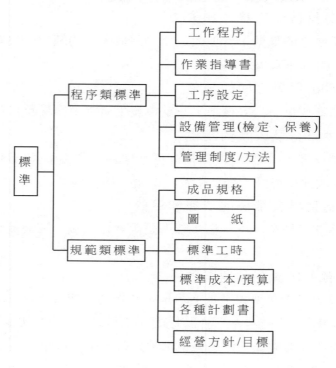

根據生產要素來區分，標準又可分為人員、設備、材料、方法、環境等五類：

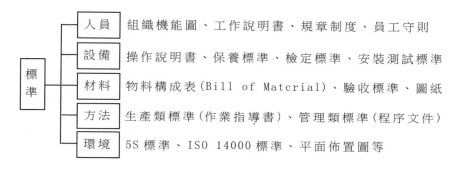

圖 6-3　根據生產要素的標準分類

人員	組織機能圖、工作說明書、規章制度、員工守則
設備	操作說明書、保養標準、檢定標準、安裝測試標準
材料	物料構成表(Bill of Matcrial)、驗收標準、圖紙
方法	生產類標準(作業指導書)、管理類標準(程序文件)
環境	5S 標準、ISO 14000 標準、平面佈置圖等

（標準）

3.標準化的定義

對於一項任務，將目前認為最好的實施方法作成標準，讓所有做這項工作的人執行這個標準並不斷完善它，整個過程稱之為「標準化」。標準化包含以下步驟：

標準化實際上就是制定標準、執行標準、完善標準的一個循環的過程。無標準、有標準未執行或執行得不好、缺乏一個不斷完善的過程……以上種種，都不可稱為標準化。

4.標準化的效果

在公司的內部管理活動中，標準化的作用更是功不可沒。其效果可分為三類：通用效果、附帶效果和特別效果。

圖 6-4　標準化的效果

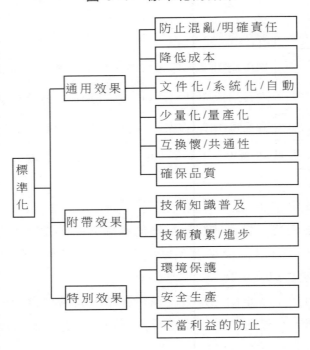

5. 標準的執行

標準制定出來了，如何讓員工自覺執行並成為習慣？相信是每一個管理者面臨的難題。

(1)標準是最高的作業指示

如果沒有付諸實施，再完美的標準也不會對我們有所幫助。為了使已制定的標準徹底地貫徹下去，我們首先需要讓員工明白：作業指導書是自己進行操作的最高指示，它高於任何人(包括總經理)的口頭指示。

(2)生產主管現場指導，跟蹤確認

做什麼，如何做，重點在那里，生產主管應手把手傳授到位。

僅僅教會了還不行，還要跟進確認一段時間，看其是否領會，結果是否穩定。

對不遵守標準作業要求的行為，生產主管一旦發現，就要立即毫不留情予以痛斥，並馬上糾正其行為。

⑶宣傳揭示

一旦設定了標準的作業方法，要在顯著耀眼的位置揭示出來，讓人注意也便於與實際作業比較，對於作業指導書，則要放在作業者隨手可以拿到的地方。

把標準放在誰都看得到的地方，這是目視管理的精髓。

⑷發現標準有問題時的做法

要經常這樣教育員工：如果你發現標準存在問題或者你找到了更好的操作方法，不要自作主張地改變現有的做法（因為你認為的好方法有可能是漏考慮了某種因素的情況下得出的），而應當按下面的步驟去做。

①將你的想法立即報告你的上級；

②確定你的提議的確是一個好方法後，改訂標準；

③根據改訂後的標準改變你的操作方法；

④根據實際情況調整。

⑸不斷完善

雖然標準暫時還代表著最好的作業方法，但科學技術在不斷進步，改善永無止境。對於別人的質疑要虛懷若谷，誠心接受。即使指責得不對也不要尖銳反駁。要始終抱著這麼一個想法：現在的作業方法還是在一個較低的水準，是改善和進步的一個起點，更好的在後邊。

⑹定期檢討修正

發生以下的情況時，我們要對標準進行修訂：

①標準的內容難以理解；

②標準定義的任務難以執行；

③產品的品質水準已經改變；

④當發現問題及步驟已改變時(人員、機器、材料、方法)；

⑤當外部因素要求改變時(如環境問題)；

⑥當法律和規章(如產品賠償責任法律)已經改變時；

⑦上層標準(ISO等)已經改變。

(7)向新的作業標準挑戰

通過現狀的作業情況，找出問題點，實施改善，修訂成為新的作業標準。

學習其他改善事例，受到啟迪後在現場實踐，尋找改善重點，從實際出發不斷進行改善。

9 生產作業控制

其實生產作業計劃與控制是同一件事務，生產作業計劃與其編制其實也是一種控制的手段。生產作業控制的內容主要有：作業安排，測定偏差，糾正偏差，提供情報，生產調度機制、在製品控制。

為了準確地瞭解生產情況，及時發現計劃與實際的差異，有預見性地掌握生產發展的趨勢，生產主管就要使用一些科學的管理方法。常用的生產作業控制方法有進度分析、傾向分析、統計分析、日程分析與在製品佔用量分析等六法。

為了直觀地瞭解生產進度及其與計劃的對比情況，更好地控制生產作業進度，經常採用以下幾種圖表進行進度分析。

1. 座標圖

在生產量隨時間變化的情況下，可以用一個簡單的座標圖來描述數據以及數據的變動趨勢。

例 1：

某廠 10 天的計劃裝配產量及逐日實際完成產量，如表 6-3 所示，並可繪製成座標圖，形象地描述生產進度計劃的執行情況及逐日的變動趨勢，如圖 6-5 所示。

表 6-3　計劃裝配產量及逐日實際完成產量

日期	計劃		實際		差異（＋、－）	
	當日	累計	當日	累計	當日	累計
1	50	50	25	25	－25	－25
2	60	110	75	100	15	－10
3	70	180	50	15	－20	－30
4	90	270	75	325	－15	－45
5	125	395	100	325	－25	－70
6	170	565	150	475	－20	－90
7	210	775	225	700	15	－75
8	250	1025	300	1000	－50	－25
9	200	1225	200	1200	－	－25
10	150	1375	200	1400	50	25

圖 6-5　10 天進度分析座標圖

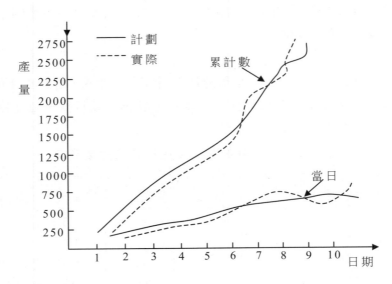

2.條形圖

條形圖又稱橫道圖，它是一種安排計劃和檢查計劃完成情況的常用圖表。表 6-4 就是一種控制配套生產的條形圖。

在表中，中間折線（CD 線）表示本月內裝配需要的零件數量；右邊折線（AB 線）表示按生產計劃應完成的零件數（包括裝配前需要存儲的零件數量）；左邊折線（EF 線）表示上旬實際完成的零件數量。從表中可以看出，溜板、中心架完成的數量較多，能完成本月裝配的需要；尾架完成的數量不少，但和本月裝配需要還有相當大的距離；床頭箱、進給箱、刀架座完成的數量較少，距離當月裝配需要線和生產計劃線很遠，即有可能影響當月產品生產，又可能影響下月的配套，應採取有力的措施予以消除。

表 6-4　條形圖表

零件\數量	床頭箱	進給箱	溜板	手輪	尾架	中心架	刀架座	卡盤
10								
20								
30	E							
40								
……								
90								
100	C							
110								
……								D
160								
170	A							
……								
240								
250								

10 生產作業統計

　　生產作業統計是指在實現生產作業計劃的過程中，對生產過程各階段中的原材料投入、在製品流轉、產品出產以及作業完工情況等生產活動的動態資料所進行的收集、整理、匯總和分析。它是企業生產統計的一部份。

　　生產作業統計記錄反映了生產作業計劃的執行情況，並把這些情

況和資料作為資訊和情報反饋到生產指揮系統,成為生產作業控制的依據,也可作為完善下一階段生產作業計劃的參考。生產作業統計工作是生產作業控制中的資料收集、整理和傳遞者,是生產作業控制的有力手段,班組生產作業統計是工廠或工段統計工作的重要組成部份,也是企業重要的基礎管理工作之一。

1. 生產作業統計的內容

(1)在製品情況的統計

指在製品在各個生產環節流轉,以及在製品資金佔用量的統計。

(2)生產進度統計

指對產品、零件生產過程各工序的投入日期、投入數量、出產日期、出產數量以及發生的廢品數、返修品數的統計及分析。

(3)生產作業計劃完成情況統計

指產品和零件的完工統計,各個工作崗位的員工完成計劃任務和工作量的統計。

(4)生產指標的統計

主要指生產總量、品種產量、產品成套率、產品均衡率、工作生產率等生產指標的統計。

2. 生產作業的統計台賬

生產作業統計台賬是對原始記錄的一種匯總,它是根據需要,按時間順序(一般按日),通過一定的表格或圖式,將原始記錄匯集在一起的。

統計台賬是把每天生產活動發生的情況,系統、完整地記錄在台賬上,以便作積累、觀察、分析之用。同時,統計台賬對掌握生產動態,記錄在製品流轉,控制生產進度,考核生產作業計劃執行情況有很大的作用。

另外,統計台賬給進一步編制統計報表,進行統計分析工作創作

了條件，也便於將生產結果與生產作業計劃進行對比。班組生產作業統計台賬是企業管理中最基層的基礎資料庫，也是班組管理的一項基礎工作。台賬記入的間隔時間，由建立台賬的目的和資料的性質確定。一般是按日、旬或月進行匯集。如表6-5。

表6-5　班組生產記錄

設備名稱	班次	生產組號	鑄造班組生產記錄 年　月　日		出勤人數	缺勤人數	

產品				計劃安排						執行情況				
編號	件號	名稱	類別	產量			定額工時		件數	總重量	完成定額工時	實際消耗工時	停工工時		
				單重	件數	總重	單件	合計					起止	合計	原因

3.生產作業進度統計

　　生產作業統計的目的不只是單純為獲得一些資料，掌握一下生產情況；更重要的是還要對已經取得的資料，進行整理和分析，分析生產作業計劃完成的好或不好的原因，找出存在的問題及其規律，以便改進工作。生產作業進度統計表就可以達到此目的，是生產控制的得力工具。它既可達到生產作業統計分析的目的，揭示了生產中存在的問題，為生產作業控制提供資訊，使生產主管能夠及時掌握情況、做出判斷、採取措施，又能使分析結果直觀、簡單、使人一目了然，而且使用方便。所以，生產作業進度統計圖表的使用是十分廣泛的。生產進度表不但可以逐日反映產量的完成情況，還可以看出產量累計變動趨勢以及實際完成與計劃要求的差距，也是一種很好的生產作業控

制表。

表 6-6　生產作業進度統計表

日序	當日產量(計劃)	累計產量(計劃)
1	100	100
2	120	220
3	140	360
4	180	540
5	250	790
6	340	1130
7	420	1553
8	500	2050
9	400	2450
10	300	2750

11 生產作業日報表的管理

1. 填寫報表

根據當天的實際情況，生產主管需要按要求填寫相關報表，記錄生產、品質、員工出勤、效率及班組其他工作的結果和相關資訊。日常報表是進行資料分析的重要統計管道，是目標管理的重要基礎，也是今後進行追溯性管理、業務分析和課題改進的基礎資料。應該強調的是，報表的填寫要準確、及時，要儘量數位化、具體化，避免大而

空的形式主義。

　　工作報表不一定要全部由生產主管填寫，可以充分利用組長、領料員等助手和骨幹分工進行，生產主管要全面把握、確認，確保無誤。

2.工作總結及交班

　　在報表填寫的同時，生產主管要綜合各種資訊和報表資料，對當天工作進行總結，具體應包括以下幾點。

　　⑴與計劃、目標對比：是否完成任務，是否達到目標。

　　⑵與正常狀態對比：是否有變化，是否有異常。

　　⑶當天工作出現過那些問題，解決對策及結果如何。

　　⑷當天工作有無遺留問題。

　　⑸交班時需要向下一班提醒那些事項。

　　⑹評價當天的員工表現，明確第二天班前會時要做的教育工作。

　　做好當天工作總結的同時，生產主管還要按照上述要求做好交班記錄和交班工作，順利地完成交接後才能安心下班。

　　作業日報表是生產經營的重要資料，是計劃指令制定的來源和依據。作業日報通常有以下作用：

　　⑴是交貨期管理、品質管理、成本管理、安全管理等多個項目管理的工具；

　　⑵方便與上司和其他部門傳遞情報、交流資訊；

　　⑶出現各種異常或問題時，作為原因追蹤的資料；

　　⑷幫助管理者掌握現場的實際情況。

3.作業日報表的常見問題

　　雖然很多人都明白作業日報表的重要性，但是卻漠不關心，有時連正確書寫也做不到。在生產現場中，各種作業日報常常出現以下問題：

　　⑴需要描述記錄的地方太多，寫起來很費時間；

⑵需思考、回憶和判斷的事項太多，馬馬虎虎填完就算了；

⑶自己不願意寫而讓他人代勞；

⑷沒有人指導過怎樣填，所以隨便填就行了；

⑸作業日報只是當資料收集起來，上司也不看，也沒有什麼作用。

4.作業日報表的設計要求

因為作業日報表設計時要考慮填寫的便利性，所以作業日報的設計有以下要求：

⑴必要的事項齊備，但是項目儘量精簡；

⑵項目順序要符合實際作業或邏輯習慣；

⑶儘量減少文字描述或數量填寫，用符號或線條代替記入；

⑷採用標準用紙，避免過大或過小，方便存檔。

5.作業日報表的填寫

作業日報設計出來以後，我們如何正確填寫作業日報呢？

⑴向相關人員說明作業日報的作用，讓人認識到其重要性；

⑵班組名、作業者名、產品名、批量號等基本內容可以由現場辦公室人員填好，再發給作業者填寫其他事項，這樣可以減輕作業者的填寫負擔；

⑶生產數量、加工時間等只有作業者才清楚的內容，由作業者記錄；

⑷要養成寫完後再度確認的習慣；

⑸管理人員要認真審閱作業日報，及時指出異常點並協助解決問題，形成良好的互動局面；

⑹現場人員根據日報把握作業的異常趨勢，並針對這種趨勢實施重點指導。

6.作業日報表的管理

(1) 應把握內容

① 每個人的工作日報是否準確；

② 材料、作業、產品有無異常；

③ 每位員工的作業效率是否達到預期目標；

④ 作業效率是提高還是下降了，為什麼；

⑤ 整體效率能否反映每個人的工作效率；

⑥ 生產效率與設備效率的變化情況；

⑦ 是否嚴守生產計劃(交貨期、數量)；

⑧ 不良狀況及相應的工時損失；

⑨ 實際工時與人員配置是否合理；

⑩ 那些地方有尚需改善之處，整體實績如何。

(2) 基本方法

① 確認作業報表(工時、產量、異常現象)；

② 使用統計手法對作業能力進行管理(均衡情況、變化推移、計劃與累積、異常說明)；

③ 使用圖表統計分析效率、成果的變化情況；

④ 調整計劃或目標參數。

(3) 注意事項

① 發現不準確的日報表要調查原因，並對當事人進行批評指導，直到其掌握為止；

② 掌握每位員工的知識水準、技術、經驗、幹勁及興趣愛好，在必要時給予耐心細緻的指導；

③ 總結、整理現場的問題點，解決影響效率的關鍵問題。

第 七 章

生產主管的生產線管理

1 生產主管進行生產線安排

生產管理的基本任務，就是要滿足以下三條：

首先，按照規定的產品品種和質量完成生產任務。

其次，按照規定的產品目標成本完成生產任務。

最後，按照規定的產品交付期限和需要數量完成生產任務。

產品的質量(Quality)、成本(Cost)和交貨期(Delivery)簡稱QCD，是現代企業生產管理成敗的三大要素，保證 QCD 三方面的要求，是生產管理的最主要的任務。

保證質量(含品種)、成本、交貨期(含數量)要求，這三項任務是互相聯繫、互相制約的。提高質量、開發品種，可能引起成本增加；增加適銷對路的品種數量，可能降低成本；為了保證交貨期按時完工，可能引起成本的增加和質量的降低。為了取得滿意的效益，需要在班組生產管理中加以合理的計劃、組織、準備和控制。

　　生產線如何安排，不僅影響全體目標，而且可能影響員工士氣。例如，流水線第一站點放得太快，後面作業人員接不上，心裏就感到不高興。各站點作業時間不一，有人桌上堆集一大堆，有些人卻在聊天……若工作不平均，會導致員工士氣不振。

　　生產主管應將屬下特性、各站點特性，事先文字化，然後安排最佳組合上陣。

1. 作業人員工作特性分析

　　生產線上人員個性不一，工作熟練度不一，配合度不一，各有優劣。按照企業生產線組合方式，判斷屬下工作特性可從下列幾項著手：

　　責任感：對上司交代事項是否盡職？對於目標達成的慾望如何？

　　細心：作業中是否小心翼翼？

　　品質觀念：當事人對於品質的看法如何？對於品質要求認識的程度如何？

　　正確性：作業中是否常出差錯？執行任務是不是會疏忽或遺漏？

　　動作快慢：是否反應敏捷，手腳靈活？每一工作站（點）是否只要做幾次或是在很短的時間內便可以完全進入狀態？

　　體力：有些站點（工作站），必須體能好的員工才能夠適應，因此，員工體能負荷程度必須予以分析。

　　協調性：不同站點之間的品質協調、作業速度協調、品質不良反應協調，甚至於領料、退料、補料的協調等，必須加以分析，協調性差將影響全局。

　　勤勉性：是很認真地工作，還是漫不經心？是否常常請假或者不配合加班？予以指導時，是否熱衷學習？

　　情緒化：有些人較不容易克制情緒，心情好壞馬上反映在個人的工作任務上。

　　綜合上述要項，按照點數，予以量化記錄，則對所屬員工的掌握

會變得更容易。有時候若某員工請假，則需按其所屬站點工作特性，班組長調配適當人選「補位」，使其真正達到團隊合作效果。

2.掌握現場作業人員所熟練的操作工具及作業方式

生產主管需根據作業人員的作業經驗記錄，來掌握他們。

(1)按照作業人員的工作特性分析其作業熟練度，同時配合各站點的作業需求條件，才能夠「适才適所」。

(2)若班組長需要教育屬下或是工作站點不要輪調，按照這些資料安排，作業指導將更能體系化。

(3)人員異動或請假，安排好「次佳」組合。

3.各站點排線時的注意事項

(1)產品別，客戶別物料需求的掌握對於同樣機種不同客戶的需求，要特別慎重。對於製作要求要千萬注意。

(2)產品所需治具、工具、儀器、設備須切實瞭解，即知道用什麼工具生產，事先應準備好。

(3)各站點作業中應注意重點，以避免危險，並提高作業效率。

(4)測定各站點工時。

班組長需按照人員熟練度測定各站點基本工時，然後排定各站點運作，力求各站點時間平衡。不過因人員調動等原因，各站點所需作業時間便有差異，這時候常發生生產線瓶頸。所以需將各站點運作再細分，分解到無法分割地步，然後檢討各運作。如：那些要在前面操作？那些運作必須緊跟那個運作之後？那些運作可以挪前或挪後？將這些資料分別整理，以應對人員變化，使生產線上維持最佳平衡狀態。對流水線生產的主管人員而言，不宜固執地認為一條線一定要多少人才能運作，否則運作不了。

(5)考慮各站點加工後如何放在流水線上，如產品應朝前、朝後、朝左、朝右等，面應朝上或朝下，以方便後站點更順手及易於確認後

站點完成與否。

(6)考慮各站點供料時間，掌握線上作業並充分應用領料人員。

(7)生產線速度調整，運用人力安排，各站點分配等要能調整到最適當速度與組合。

4. 生產線不平衡問題的解決

當生產線安排不到位，就會出現以下現象：

①線上所放半成品距離不一致。

②線上沒有半成品。

③線上某些站點堆集半成品。

④線上待維修的不良品多。

⑤某些站點人員很忙，某些站點人員則很輕鬆，時常休息或聊天。

⑥生產線速度太慢或太快。

⑦生產線沒有物料（或不足）可以生產。

⑧線上所放半成品沒有一致的方向或放法。

⑨作業中有人時常無故起來晃動。

⑩線上檢驗站出的不良品多。

發生這些現象時，班組長應妥善解決。

5. 生產管理的工具

常見的生產管理工具有：

(1) 管制圖

(2) 管制看板

利用管制看板控制生產線及全廠訂單的進度。

(3) 製造命令單

將製造命令單依不同的月份給予不同的顏色，易於管理。

⑷生產日報表

表 7-1 生產日報表

班組：　　　　　　　　　　　　　　　日期：

生產單號	產品名稱編　號	預定產量	本日產量		累計產量		耗費工時		半成品	
			預定	實際	預定	實際	本日	累計	本日	昨日
合計										

人員記錄	應到人數		停工記錄		異常情況報告	
	請假人數					
	調出人數					
	調入人數					
	新進人數		加班人數		離職人員	

⑸網路設備

如電腦等通訊設備，可以實行動態線上管理。

⑹進度管理箱

做成多層箱，依月份分開，每月計有 31 格（每月裏最多 31 天）將製造命令單依日期放入格內，即可很容易地看出那些已過期，那一天應完成那些產品。

2　流水線生產

　　流水線生產是一種先進的生產組織形式。它是按照產品生產的技術順序排列工作地，使產品按照一定的速度，連續地和有節奏地經過各個工作的依次加工，直到生產成成品。

　　流水生產，又叫流水作業，它實質是對象專業化組織形式的進一步發展。現代流水生產方式起源於福特公司。美國的福特汽車公司為擴大汽車生產量，建立了傳送帶式的流水生產線，由於採用了流水生產方式，大大增加了單位時間的產量，降低了單位產品的生產成本，從而使福特財團的資本迅速上升。

1. 流水生產的特點

　　⑴工作地的專業化程度高。在流水線固定地生產一種或少數幾種製品，每個工作地固定完成一道或少數幾道工序。

　　⑵各設備和工作地按產品技術順序排列，工作對象按單向運輸路線流動。

　　⑶各工序生產能力是平衡的，即各道工序的工作地數量比例符合各工序加工時間的比例。例如，相鄰的三道工序的加工時間分別是 10 分、20 分、30 分，則這三道工序的工作地數量分別為 1：2：3。

　　⑷流水線按規定的節拍生產。所謂節拍，是指流水線上前後兩件相同製品出產的時間間隔。流水線上各道工序的單件作業時間必須與其節拍相等或成整數倍。

　　總之，流水生產組織能滿足合理組織生產過程的要求，是高效的生產組織形式。

2.流水生產線的條件

⑴產品的生產技術和結構應相對穩定；

⑵產品要有足夠大產量，以保證流水線上各工作地的充分負荷；

⑶產品加工的各工序能細分和合併，各工序的時間定額應與流水線的節拍相等或成倍數關係，即工序同期化。工序同期化是保證連續生產、充分利用設備和人力的必要條件。

3.流水線的類型

流水生產線的具體形式是多種多樣的，可以按照不同的標誌進行分類。

⑴按工作對象是否移動，可分為固定流水線、移動流水線；

⑵按生產品種數量的多少，可分為單一品種流水線、多品種流水線；多品種流水線又可分為可變流水線（按生產計劃生產不同的品種對流水線進行調整）和混合流水線（將生產作業方法大致相同的特定幾個品種在流水生產線上混合連續地進行生產）。

⑶按生產的連續程度可分為連續流水生產線和間斷流水生產線。前者，製品在一道工序加工完，立即轉到下道工序進行加工，中間沒有停放等待時間；後者，有的工序之間存在停放等待時間，主要是由於各道工序的加工時間不相等或不成倍比關係。

⑷按實現節奏的方式，可分為強制節拍流水生產線和自由節拍流水生產線。

⑸按機械化程度，可分為手工流水線、機械流水線和自動化流水線等。

4.生產主管參與流水線生產要點

⑴瞭解掌握流水線節拍

節拍是組織設計流水線最重要的工作參數，也是一種期量標準。所謂期量標準，就是為製造對象（產品及零件）在生產期限與數量方面

規定的標準數據。它表明流水線的速度和生產效率，從而決定著流水線的生產能力。

(2)組織工序同期化

所謂工序同期化，就是根據流水線節拍的要求，採用各種技術組織措施調整流水線各工序的單件作業時間，使其與流水線的節拍相等或成整數倍關係。工序同期化是組織流水線生產的必要條件，也是提高設備負荷、工作生產率和縮短產品生產週期的重要方法。

組織工序同期化的基本方法是將整個作業任務細分為許多小的工序，即作業要素，然後將有關的小工序組成大工序，並使這些大工序的作業時間接近於節拍或節拍的倍數。

(3)計算流水線負荷係數

流水線的負荷係數是表明流水線生產效率的指標。流水線的負荷係數越大，表明流水線的效率越高；反之則越低。

(4)配備員工

手工操作的流水線，需要配備的員工總數，應等於流水線上所有工作地員工數之和。

以設備加工為主的流水線，在計算所需員工時，需要考慮後備員工和員工的看管定額兩個方面。

(5)設計運輸工具

流水線上採用的運輸工具很多，具體選用時，主要取決於加工對象的重量和外形尺寸、流水線的類型和實現節拍的方法。比較先進的運輸工具為傳送帶，選用傳送帶作為運輸工具時，需要對傳送帶的長度和傳送速度進行計算，以適應流水生產的需求。

(6)流水線的平面佈置

流水線的平面佈置應符合有利於員工操作方便、產品運輸路線最短、充分利用生產面積等方面的要求。

3 在製品管理

1. 在製品的定義

在製品是指生產過程中正在製造、尚未完工的製品。從原材料投入生產的第一道工序起，直到最後製成成品前為止這一生產過程中的所有制品，包括工廠內部各工序正在加工、檢驗、運輸、停放的製品，也包括工廠之間，以及工廠內部所設中間庫停放的半成品。

在機械製造業中，為了便於管理，常常根據零件所處的不同技術階段，把在製品分為毛坯、半成品和工廠在製品。

毛坯：材料下料完了；鑄件清砂、鏟刺、打底漆完了；鍛件去飛邊整形完了，經檢驗合格辦完入庫手續的稱毛坯。

半成品：毛坯經過機械加工後，經檢驗合格辦完入庫手續的零件稱為半成品。

工廠在製品：即投入工廠的原材料、毛坯、半成品、外購件等，它們處於等待加工、裝配、檢驗、運輸和正在加工、裝配、檢驗、運輸但尚未辦入庫手續的，均稱為工廠在製品(辦完入庫手續的就稱為半成品或成品)。

2. 在製品管理的作用

在製品管理是指正在各個生產階段加工的在製品進行計劃、協調和控制。使班組內管理的各個生產環節保持合理的在製品數量，按生產作業計劃均衡有節奏地和配套地進行生產。

⑴在製品是編制生產作業計劃的重要依據。

⑵在製品是保證生產連續進行、實現均衡生產的必不可少的條

件。

⑶為了控制生產流動資金的佔用，降低產品成本，也必須掌握在製品的變動情況。

3.對在製品管理的主要任務

在製品管理的主要任務，就是在範圍內對在製品進行整體計劃、銜接協調和有效控制，使各個生產環節都能均衡地進行生產，達到降低產品成本、取得最大經濟效益的目的。

整體計劃，就是對生產中各個環節的在製品加以定量化，作為管好在製品的努力目標。在製品定額要先進合理，取平均先進定額，不多不少，因為多了造成積壓，少了會造成生產中斷。

銜接協調，就是為了實現計劃目標，保證工廠範圍內之間、各個環節間的在製品在數量和時間上緊密銜接，使工廠整個生產過程能夠連續地有節奏地進行。

有效控制，就是檢查執行的結果是否與計劃相符。為此，一方面要切實掌握班組內各生產環節之間的在製品流轉情況，另一方面要切實加強對毛坯、半成品庫的管理工作。通過這些工作，使生產過程中各個環節的在製品做到質量合格、數字準確、交接清楚、賬物相符、過目知數、處理及時、佔用合理、週轉迅速，不斷降低產品成本，努力獲得最佳的經濟效益。

4.在製品的動態管理

在生產現場，在製品是在不斷地流動變化著的，要求用動態去控制運動的物品。過去那種只分配在製品資金定額的相對靜止的工作方法，是無法適應同步化生產的要求，必須進行在製品的動態管理。

在製品動態管理就是用圖表記錄現場中在製品的變化趨勢，通過分析，採取相應的對策，對在製品進行有效控制，使其不僅向零庫存（儲備）挑戰，而且保證現場生產有節奏地進行。

在製品動態管理的主要方法是制定好在製品定額。

在製品定額也稱在製品佔用量定額。它是指在一定的組織技術條件下，為了保證生產銜接，各生產環節必須儲備的最低限度的在製品數量。在製品定額是一項主要的作業計劃標準，是協調和控制在製品流轉交換，均衡組織日常生產活動的主要依據。合理的在製品定額既能保證生產的正常需要，又能使在製品佔用量保持適當水準。由於生產類型、生產組織形式和生產技術條件不同，在製品定額的制定方法也不相同。

4 生產主管如何進行物料管理

我們知道「生產三要素」通常是指：人、機器、物料。廣義的物料還包括半成品、成品等。

在現場，怎樣管理物料是一個非常重要的問題。因為，如果物料的管理不良，就會導致下列問題或浪費：

⑴到處尋找物料。

⑵丟失物料，而需重新供應。

⑶因物料到貨延遲，而停工待料。

⑷因混入次品，而需再檢查。

⑸因再供應而停工待料，再檢查而延誤交貨期。

⑹因半成品增加而造成的搬運浪費。

⑺庫存過多而造成資金週轉上的浪費。

⑻庫存過多而造成空間的浪費。

在你的工作崗位，是否存在著由於物料管理不充分而造成的浪費？請檢查一下。

當然，以上列出的只是浪費的一部份，而非全部。不過，這些問題可以引發其他的問題。所以，這種因物料管理不充分而帶來的問題，是必須要解決的。

生產主管在日常管理中時常會遇見諸如物料出現短缺、物料放置偏差、物料異常等情況。應如何進行物料管理呢？

1. 分類管理

不同的物料在性質上和使用價值上存在著較大的差異，必須進行分類管理。

⑴對生產現場一切易燃、易爆、有毒、容易造成污染和引起安全事故的物料要實行隔離和特殊定置，劃分警戒區並派專人嚴格管制，防止意外事故發生。

⑵對留置在現場上的其他物料要進行科學界定，將其劃分為「有用之物」和「無用之物」。

有用之物是即將參與生產過程、其使用價值有待轉移的物料，這些物料是生產必需的，但也並非多多益善，要實行「零留置」管理。所謂「零留置」管理並非一點都不留置，而是物料的多少要以滿足生產的需要為限，多了就可能造成閒置，而少了則會影響生產的進度。

無用之物並非一無是處，這些物料還有可能通過回收再利用而發揮潛能，因此，不可一律將其作為廢物處理。

2. 對物與場所之間的管理

物料與生產工具要做到「物盡其用」，其中不僅包括使用價值的完全轉移和發揮，更重要的在於使用價值轉移和發揮的效率，這裏涉及一個「時間價值」和「時間成本」的概念。如果物料的使用價值轉移較慢，生產工具的作用遲遲難以發揮，就必然會延長生產的時間，從

而提高了生產的「時間成本」或降低了產品的「時間價值」，這對於迅速把握市場是極為不利的。一個有效的解決辦法就是做好物與場所的管理。

置於生產現場的物料和生產工具必須要進行科學的佈置和擺放，並且有固定的地點和區域，對於常用的物料和生產工具要儘量做到「過目可見，觸手可及」，至於不常用的物料和生產工具要到何處尋找則要做到員工「心中有數」。這樣可以用最快的速度獲取所需之物，從而減少了尋找的時間，提高了生產的效率。

3.對人與物之間的管理

人、物料和機器設備等都是生產過程中必不可少的生產要素，而人更是其中最主要的、最具有能動性的第一要素。但是其他的生產要素也是不可或缺的，因此，必須利用人的能動性做好對物料和機器設備的管理。

對於生產過程中產生的廢料和垃圾要及時處理，避免它們與有用的物料混合而降低後者的使用效果。同時，完工之後要對現場進行系統清理，創造一個最佳的生產環境，使員工能在這種生產環境中得到一種精神上的愉悅。

要定期做好對生產設備的維護和點檢工作，及時發現設備異常和隱患，並採取有效措施加以排除，避免因設備突發故障而影響生產和造成產品質量下降，這是維持企業穩定生產的必要手段。

4.使用管理

(1)使用量控制

要想管理好這類材料，首先一定要清楚使用量。那些產品在用它，台用量多少，月用量多少，這些一定要清清楚楚，並儘量反映在台賬中。

(2) 厲行節約

即使是副資材，也不能毫無節制地濫用。我們可以根據用量定額發放或者採用以舊換新的方法，防止浪費。對於一些影響環境保護的物品（如電池、氰化物容器），還要做好回收工作。

(3) 簡化領用手續

嚴格管理輔助材料，防止浪費是應該的，但是一定要方便我們的工作。例如某企業員工領一雙手套也要填申請單，然後分別由組長、主管、部門長和倉庫管理人員簽字，才可以領到，這個過程既耽誤了我們的生產，又付出了遠遠不止十雙手套的管理成本，真是得不償失。我們不妨採用「櫃檯」或者「送貨上門」的方式，做到「管理」與「方便」雙贏。

5 進行生產異常處理

1. 什麼是生產異常

生產異常是指因生產（製造）部門發生停工或生產進度延遲的情形，由此造成的無效工時，亦可稱為異常工時。生產異常的處理是班組長日常工作中的重點之一，瞭解處理程序、異常的責任部門等，有助於班組長在工作中更快地處理生產異常。

2. 怎樣填寫生產異常報告單

發生生產異常，即有異常工時產生，時間在 10 分鐘以上的，應填具「異常報告單」。其內容一般應包含以下項目：

⑴生產批號。

填具發生異常時正在生產的產品的生產批號或製造命令號。

⑵生產的產品。

填具發生異常時正在生產的產品的名稱、規格、型號。

⑶異常發生單位。

填具發生異常的製造單位名稱。

⑷發生日期。

填具發生異常的日期。

⑸起訖時間。

填具發生異常的起始時間、結束時間。

⑹異常描述。

填具發生異常的詳細狀況，儘量用量化的數據或具體的事實來陳述。

⑺停工人數、影響度、異常工時。

分別填具受異常影響而停工的人員數量，因異常而導致時間損失的影響度，並據此計算異常工時。

⑻臨時對策。

由異常發生的部門填具應對異常的臨時應急措施。

⑼填表單位。

由異常發生的部門經辦人員及主管(班組長或者工廠主任)簽核。

⑽責任單位對策(根本對策)。

由責任單位填具對異常發生的處理對策。

3.異常報告單使用流程

⑴異常發生時，發生部門的第一級主管(班組長或者工廠主任)應立即通知技術部門或相關責任單位，前來研究對策，加以處理，並報告直屬上司。

⑵製造部門會同技術部門、責任單位採取異常的臨時應急對策並加以執行，以降低異常發生的影響。

⑶異常排除後，由製造部門填具異常報告單一式四聯，並轉交責任單位。

⑷責任單位填具異常處理的根本對策，以防止異常重覆發生，並將異常報告單的第四聯自存，其餘三聯退生產部門。

⑸製造部門接責任單位的異常報告單後，將第三聯自存，並將第一聯轉財務部門，第二聯轉生產部門。

⑹財務部門保存異常報告單，作為向責任廠商索賠的依據及製造費用統計的憑證。

⑺主管部門保存異常報告單，作為生產進度管制控制點，並為生產計劃的調度提供參考。

⑻生產部門(班組長或者工廠主任)應對責任單位的根本對策的執行結果進行追蹤。

4.各部門的責任如何判定

⑴開發部責任

①未及時確認零件樣品。

②設計錯誤或疏忽。

③設計延遲。

④設計臨時變更。

⑤設計資料未及時完成。

⑥其他因設計開發原因導致的異常。

⑵生產部責任

①生產計劃日程安排錯誤。

②臨時變換生產安排。

③物料進貨計劃錯誤造成物料斷料而停工。

④生產計劃變更未及時通知相關部門。

⑤未發製造命令。

⑥其他因生產安排、物料計劃而導致的異常。

(3)採購部責任

①採購下單太遲，導致斷料。

②進料不全導致缺料。

③進料品質不合格。

④廠商未進貨或進錯物料。

⑤未下單採購。

⑥其他因採購部業務疏忽所致的異常。

(4)資材部責任

①料賬錯誤。

②備料不全。

③物料查找時間太長。

④未及時點收廠商進料。

⑤物料發放錯誤。

⑥其他因倉儲工作疏忽所致的異常。

(5)製造部責任

①工作流程安排不當，造成零件損壞。

②操作設備儀器不當，造成故障。

③作業未依標準執行，造成異常。

④效率低下，前制程生產不及時造成後制程停工。

⑤其他因製造部門工作疏忽所致的異常。

(6)技術部責任

①技術流程或作業標準不合理。

②技術變更失誤。

③設備保養不力。

④設備發生故障後未及時修復。

⑤工裝夾具設計不合理。

⑥其他因技術部門工作疏忽所致的異常。

(7)品管部門責任

①檢驗標準、規範錯誤。

②進料檢驗合格，但實際上不良率明顯超過 AQL 標準。

③進料檢驗延遲。

④上工序品管檢驗合格的物料在下工序出現較高不良品。

⑤製成品管未及時發現品質異常（如替用錯誤，未依規定作業等）。

⑥其他因品管部門工作疏忽所致的異常。

(8)業務部門責任

①緊急插單所致。

②客戶訂單變更（含取消）、船期變更未及時通知。

③訂單重覆發佈、漏發佈或發佈錯誤。

④客戶特殊要求未事先及時通知。

⑤其他因業務部門工作疏忽所致的異常。

(9)供應商責任

供應商所致的責任除考核採購部門、品管部門等內部責任部門外，對廠商也應酌情進行索賠。

①交貨期延遲。

②進貨品質嚴重不良。

③數量不符。

④送錯物料。

⑤其他因供應商原因所致的異常。

⑽其他責任

①根據特殊情況和具體情況分清責任。

②有兩個以上部門責任所致的異常，依責任主次分清責任。

5.責任處理的原則

⑴企業內部責任單位因作業疏忽而導致的異常，列入該部門工作考核，責任人員依企業獎懲規定予以處理。

⑵供應廠商的責任除考核採購部門或相關內部責任部門外，列入供應廠商評鑑，必要時應依損失工時向廠商索賠。

損失索賠金額的計算：

$$損失金額＝企業上年度平均制費率×損失工時$$

⑷生產部門、製造部門均應對異常工時作統計分析，於每月經營會議時提出分析說明，以檢討改進。

6 生產主管的作業標準化職責

要使作業標準化，生產主管應做到以下幾點：

①標準是現場管理的重心。

②標準並非一成不變的，應有根據地加以修訂。

③標準是公司的法律。

要想作業標準化，首先生產主管就應充分瞭解標準、用標準教育培訓員工。只要進行了一定時間的熟悉和培訓，無論是誰都可以進行作業。

在進行作業時，對任何人都要有約束。作業標準是現場生產活動

的法規，是作業的約束條款和規定，因此，無論是誰都必須遵照執行。誰違反了就要受到處罰。從各道工序、相關部門到間接的管理部門都必須按標準行事，不能有任何異議。如果作業標準同實際情況確實有不相適應的地方，就應該考慮對其進行相應的修改，然後按照作業標準執行。

1. 要制定作業標準

為了杜絕浪費、品質不穩定、品質不合格等現象的發生，生產主管應明確現在規定的標準是唯一的作業方法。如果有更好的方法，就要對舊標準進行修改，形成的新方法就成為新的標準化作業。

2. 現場作業標準的應用

(1) 作業指導書懸掛於作業現場

將重要的作業指導書，如機台操作規範、加工工序作業指導書等加上塑膠護套後，直接懸掛在現場的工作台附近/可起到直接參照實施的效果。

(2) 生產現場的看板管理

將工作的重要指示及條件要求直接以看板的方式懸掛在現場的重要位置，讓員工對工作上各項重要的標準及要求熟記於心，並遵照實施。看板管理對標準化的推動大有幫助。

(3) 限度樣品的製作及懸掛

有關檢驗標準及產品規格可製作成限度樣品懸掛在各個需要的工作站位置，讓員工能直接參照應用。限度樣品的製作應針對形式、尺寸、顏色、外觀不良限度等分別做成標示，並由品質管理單位確認後懸掛。

7 首件一定要檢驗

首件是指製造單位各工程加工生產的產品，經自我調試確認，判定合乎要求後，擬進行批量生產前的第一個(台)產品(半成品、成品)。

首件檢驗是在生產開始時(上班或換班)或工序因素調整後(換人、換料、換活、換工裝、調整設備等)對製造的第一件或前幾件產品進行的檢驗。目的是為了儘早發現過程中影響產品品質的系統因素，防止產品成批報廢。

機械加工、衝壓、注塑過程中一般要實施首件檢驗，流水線裝配過程一般不實施首件檢驗。

1. 首件檢驗責任人

首件檢驗由操作者、檢驗員共同進行。操作者首先進行自檢，合格後送檢驗員專檢。然後，再填寫「首件確認申請/判定表」及「首件確認檢查表」。

2. 首件檢驗時機

⑴新產品第一次量產時的首件產品。

⑵每一製造命令(訂單)開始生產的首件產品。

3. 要求

⑴檢驗員按規定在檢驗合格的首件上作出標誌，並保留至該批產品完工。

⑵首件未經檢驗合格，不得繼續加工或作業。

⑶首件檢驗必須及時，以免造成不必要的浪費。首件檢驗後要保留必要的記錄，如填寫「首件檢驗記錄表」。

通常，企業一般都會對首件檢驗作出相應的規定，因此，生產主管在開展此項工作前，必須對本企業的「首件檢驗規定」仔細閱讀。以下是某企業的「首件檢驗規定」，可供生產主管參考。

8 樣品管理需做好

由此可見，對於生產現場作業的員工而言，如果生產主管只是給員工一個文件告訴他要怎樣怎樣做，要注意什麼、可以做什麼等等，可能都不如直接給員工樣品那樣直觀。所以，只要將產品的上下限的樣品給到員工，讓員工進行自主判定，就能夠很好地將操作的差異控制在產品品質所要求的範圍之內了。

1. 提供樣品上、下限

許多時候，如果生產主管只給員工一個樣品，但是卻不告訴他們樣品本身的等級，員工在選擇的時候則可能會根據自己的判斷來對產品進行加工。而由於每一個人對事物的判斷標準是不一樣的，例如人會由於性別、性格、年齡、受教育程度、生活習慣、生活水準的差異對於產品判斷的標準也是不一樣的，如果只有一個樣品時，就會以自己的主觀判斷為標準，在樣品線上下浮動。以至於有的低於樣品的標準，使得不合格的產品落入合格品中，而有的則由於選擇的標準太嚴，而令一些合格品被當成是不合格品白白地浪費掉了。

2. 注意中途的變化

生產主管還需要注意的是要在中途時進行多次確認，如果只是起初確認合格，不等於全程都是對的，因為隨著記憶的淡化，追加工的

標準又會發生變化。

3.樣品要保管好

樣品也有保質期,隨著時間的變化,樣品也會發生變化,因此在生產過程中,生產主管一定要保持樣品的原樣。例如,樣品平常要將其按照規定的要求進行保存,否則樣品的顏色或性能發生變化,最後的不利影響將是巨大的。從保證產品品質這一點來看,對於樣品的保管也是一個非常重要的內容。

9 影響生產進度的因素

交貨期管理是指企業按客戶簽訂的交貨期準時、保質、保量地交貨,並對生產進行統一控制的一種管理方式。生產主管在交貨期管理中起到了關鍵性的作用。為了順利完成生產任務,生產主管必須加強生產交貨期管理,其中最主要的一項就是嚴格把控生產進度。

生產進度控制包括投入進度控制、工序進度控制、出產進度控制。影響生產進度的原因有很多,主要有以下幾個,這也是生產主管需要嚴格控制的幾個方面。

1.設備故障

如果設備三天一小修、五天一大修,時不時地「鬧情緒」,拒絕工作,那生產進度絕對有問題。如果長時間如此,生產成本會大大增加。例如,需要加大維修費用,需要支付因延遲而使員工加班的工資,甚至需要支付因交貨延遲帶來的違約金等。

面對設備故障時,生產主管所要做的是:

(1)嚴格要求操控人員遵照操作流程作業。

(2)全員設備保養，讓人人養成自覺保養設備的習慣。

(3)訓練企業的設備維修人員，讓人人都成為熟練技術員工。

(4)加大 5S 管理執行力度，加強監督管理。

2. 停工待料：供應不及時、前後工序銜接不好

停工待料主要是指由於生產計劃沒有做好，工序銜接不到位，或因為突發性地增加生產量等原因，造成原材料短缺，而空機器又沒必要開啟，這就造成被迫停工待料的現象。生產主管要減少停工待料情況的發生，一般來說，應從以下幾個方面入手：

(1)仔細審核生產計劃，考慮企業的實際現狀，如生產能力、設備要求、人員要求、交貨時間等，確保生產通暢。

(2)審核操作流程，保證生產工序前後銜接得當，恰到好處。

(3)不斷增加新的供應商，以方便企業有更大的選擇餘地，當企業在發生緊急情況時，能夠保證生產的連貫性。

(4)建立有效的信息溝通機制。

3. 品質問題：廢品率高於標準

產品的品質對生產部門乃至整個企業的影響都是巨大的。對於生產企業來說，影響產品品質的原因有很多，主要有設備精度下降、材料問題、員工的人為因素、加工技術問題等。

據美國品質協會統計，企業顯性品質成本一般佔總運營成本(不含原材料成本)的 25%以上，而隱性品質成本則是顯性品質成本的 3～4倍。如果品質成本控制不好，將可能直接增加企業的採購成本、產品製造成本、庫存資金佔用成本、客戶服務成本，而間接導致客戶訂單的減少、企業信譽的降低。

因此，生產主管在控制品質問題時可採用的策略有：

(1)在進行原材料採購時，不僅要考慮成本因素，更要考慮價值因

素。如果生產的產品品質低劣，原材料成本再低也是沒有什麼意義的。

(2)強化設備保養，隨時記錄設備精度，及時更換必要的零、部件，保持其精度。

(3)加強員工的作業技能培訓，使其嚴格按照操作流程生產，減少人為因素的影響。

(4)優化技術流程，使其更符合企業生產的實際。

(5)善用 PDCA 循環等工具改善產品的品質。

某輪胎加工廠剛起步不久，好不容易簽下一家汽車製造廠的訂單。由於採購人員在採購時沒有控制好進貨管道，結果因為一批橡膠是劣等品，生產出來的輪胎存在品質問題。在第一批輪胎送達汽車製造廠後，該廠快速檢驗出輪胎的原材料有問題，拒收這批輪胎並且堅決取消這筆訂單。

為了平息此次事件，這家輪胎加工廠多次登門致歉，並且承諾：收回這批輪胎，立即改用新的原材料，同時免費額外提供與這一批同等數量的輪胎。這場危機才得以平息了。

4.員工缺勤

某些員工由於某些原因不得不請假或離職，尤其是熟練的技術員工，這種情況，一般會影響企業的生產進度。

一般來說，要想使員工缺勤而不影響生產，生產主管需要做好以下工作：

(1)培養多能工、多面手。雖然生產企業大多採取流水作業，一人專門負責某部份的生產任務，但這與培養多能工不矛盾。

(2)重新安排人員，調度一些熟練員工，或調非生產人員參與生產，盡可能彌補因員工缺勤帶來的損失。

(3)安排加班，將缺勤員工每日應該做的部份填補上。出於員工健康的考慮，這種方式一般不宜採用。即使採用加班的方式，也要盡可

能讓員工調休，確保員工的身心健康。

(4)招募新員工，補充新鮮血液。

(5)延長工時或機時。

(6)外包。如果企業做不了或沒有信心完成，可採用外包的方式，借助同行的力量進行生產。

(7)改善生產條件、作業方式和員工的福利等，減少員工離職或缺勤情況的發生。

10 交貨期的補救之道

1. 交貨期延遲的補救措施

如果企業延遲了交貨期，一定要及時進行補救。常見的補救措施有：

(1)延長作業時間，及早完工，可採取加班、休息日工作、兩班制、三班制等策略。

(2)對換產品生產順序，即將主要延期的產品優先生產，將不著急的產品延後生產。

(3)可分批生產，即生產出來一批後給客戶提供一批，盡可能減少客戶的損失。

(4)同時使用多條流水線生產。

(5)請求其他部門的支持，即必要的時候，借用非生產部門的人進行生產，以求盡早完工。

(6)外包，即如果延期產品太多，即將到期的產品又多，臨時堆積

如山,外協是最好的辦法。

2.縮短交貨期的 4 種方法

遵守與客戶約定的交貨期是企業最基本的原則之一。企業能否正常交貨主要取決於生產現場,如設備是否出現故障、人員安排是否合理等問題。所以,在生產現場,生產主管必須想辦法解決所有問題,努力做到按期或提前交貨。

企業縮短交貨期主要體現在生產現場的日常工作中,生產主管可以通過以下幾種方法來實現。

(1)縮短生產線

一般情況下,在生產過程中,生產線越長就需要越多的員工、越多的在製品、越長的生產交貨期。同時,生產線上的員工越多就可能出現越多的錯誤,進而導致品質的問題。下面簡單的生活中的例子就能說明生產線為什麼不是越長越好。

你想傳達一件事情給你的一個朋友。如果你當面說,或打電話,或發 E-mail,在短短的幾分鐘內就可以把問題說清楚。可如果你要讓另一個朋友甲轉達,而甲又讓乙轉達,乙又讓丙轉達給你這個朋友,這就會花很長的時間。

如果企業的生產線總長度平均比同行業長一倍,這樣就會比同行需要更多的人員,出現品質問題的機會也會大大增加,交貨期可能會比同行長得多,同時生產成本、人工成本都會大大增加。因此,適當縮短生產線對生產企業來說是比較有效的方法。

(2)縮短工時

縮短工時也是縮短交貨期的一種有效方式。同時,縮短了工時,也會為企業的員工提供更好的自由休息機會,這樣有利於提升員工的士氣,提高生產效率。一般來說,企業要想縮短工時,可以通過目標管理、即時回饋、多重考核等方式來進行。

目標管理的最大優點在於能使員工用自我控制的管理來代替受支配的管理，激發員工發揮最大的能力，提高員工的效率來促進企業總體目標的實現。實行目標管理後，每個人的權利責任更明確，員工參與意識加強，並且強調結果導向，有利於整體生產效率的提升。

某衛浴設備公司為了充分發揮各職能部門的作用，充分調動全體員工的積極性，開始推行目標管理。首先，對部份科室實施了目標管理，經過一段時間的試點後，逐步推廣到全公司各工廠、工段和生產。一年後，該公司的經營管理環境得以改善，充分挖掘了公司內部潛力，增強了公司的應變能力，提高了公司整體素質，並取得了較好的經濟效益。

(3) 優化生產排程

某生產企業的生產主管離職後，新招聘一位生產主管。新生產主管上任後，立即發現企業的生產排程存在問題，於是根據大批量生產、成批生產、單件小批量生產的產品類型及訂單時限重新編排。雖然按照以往的生產排程也可以按期交付產品，但按照改進後的排程進行生產，結果交付能力提升了 15%，生產成本減少了 20%。

很多時候，企業的生產排程並不是最佳的，只是企業沒有意識到。這就好比時間統籌一樣，計劃一天做 5 件事，但這 5 件事該如何安排才能最省時、最有效率，卻是一個值得思考的問題。優化生產排程的一個重要手段是準時生產(Just in Time，JIT)，這在後面的章節中會具體講到。

JIT 非常強調遵循生產的步驟和順序，強調它們之間的邏輯關係。JIT 是邊幹、邊思考、邊實踐、邊完善的產物，是從經營意識到生產方式、生產組織及管理方法的全面更新。

(4) 排除在製品滯留

在大批量生產中，很多生產主管強調開機率，對生產過剩問題不

予關注。有的生產主管甚至認為，生產過剩對提高生產力和節約生產成本是有利的。其實，這是錯誤的認識。事實上，在製品只有變成產品並且被客戶接受才會轉變成企業的收益。否則，無論在製品的產量有多大，只要還在企業的倉庫裏，就如同廢料。

為什麼這麼說呢？這是因為：

①在製品滯留過多，會延長交貨期。

②在製品滯留會讓部份資金處於停滯狀態。

③在製品會減少作業空間，降低生產效率。

④在製品會增加人工搬運作業的時間，同時也增加了產品的受損率。

⑤在製品會給盤點人員帶來一定的困難。

那麼，如何避免在製品滯留過多的問題呢？生產主管可採用如下對策：

①樹立「不積壓，要通暢」的意識。

②不要隨意安排生產通知單規定以外的品種及數量。

③制定合理的小日程計劃和作業指示書，認真瞭解計劃實施的進度。

④發現瓶頸工序並想辦法迅速消除。

⑤作業時，盡可能分成小批量傳遞，不要等作業單上指定的生產數量全部完成後才傳遞下一工序。

⑥配備專職的搬運人員。

11 要進行工作崗位輪換

崗位輪換是讓員工輪換擔任若干種基層崗位不同工作的做法，其目的是考察員工的適應性和開發員工的多種能力。

1. 崗位輪換的好處

① 增加了員工學習的機會。

② 激發員工的潛力。

③ 為員工流動率低的部門的優秀員工提供發展的機會。

④ 給老化的部門注入新鮮的血液。

⑤ 培養了多能工、多面手，為部門之間的合作創造了條件。

⑥ 減少了對部份員工的依賴性。

2. 輪崗的形式

(1) 臨時輪崗

為適應短期產品結構調整的需要，常通過輪崗調整解決勞力出現的多餘和不足。

(2) 換崗

為提高勞動者素質與技術水準、提高管理水準，定期對一些技術人員採取的輪換崗位的辦法。

(3) 轉崗

為解決勞力的多餘和不足而採取的通過提高操作者技術水準使之從事新的工作崗位的辦法。

3.生產崗位輪換主要方法

(1)新員工巡迴實習

新員工在就職訓練結束後，根據最初的適應性考察被分別分配到不同部門去工作。在部門內，為了使他們儘早瞭解到工作全貌，同時也為了進一步進行適應性考察，不立即確定他們的工作崗位，而是讓他們在各個崗位上輪流工作一定時期，親身體驗各個不同崗位的工作情況，為以後工作中的協作配合打好基礎。經過這樣的崗位輪換（每一崗位結束時都有考評評語），企業對於新員工的適應性有了更清楚的瞭解，最後才確定他們的正式工作崗位。

(2)培養「多面手」員工的輪換

為適應日趨複雜的生產作業，建立「靈活反應」式的彈性組織結構，要求員工具有較強的適應能力。當生產內容發生轉變時，能夠迅速實現轉移。員工不能只滿足於掌握單項專長，必須是多面手、多能工。

在日常情況下，生產主管有意識地安排生產員工輪換做不同的工作，可以使員工取得多種技能。如前一道工序和後一道工序、裝配員工和測試檢驗員工經常進行崗位輪換，這樣可以使員工成為多面手。

(3)消除僵化，活躍作法的輪換

長期固定從事某一工作的人，不論他原來多麼富有創造性，都將逐漸喪失對工作內容的敏感而流於照章辦事。這種現象稱為疲鈍傾向。通過定期進行輪換，使員工保持對工作的敏感性和創造性。

(4)其他輪換

當生產現場的年齡構成，或員工出現不能適應工作的情況，或需加強，或合併等，都要相應發生輪換。

4.輪換中的問題

①對掌握某些複雜作業技術不利，可能使這類技術水準停止或降

低。

②對保持和繼承長期積累的傳統經驗不利，可能使工作效率降低。

③未能及時參加輪換可能造成員工「錯過班車」的感覺而影響情緒。

④常常由於業務上的需要而不能如期執行輪換。

⑤輪換必然相應引起工資波動，可能影響員工收入或使工資計算複雜化。

⑥各生產現場有本位主義，不願意放走得力骨幹等。

12 如何安排缺席頂位

生產線現場的頂位，是指原先固定的作業人員因故缺席，由另外一個人代替其繼續作業的行為。缺席頂位的時間通常較短，但沒有規定具體的時限，在頂位人員未完全掌握作業之前，都可以認為是處於缺席頂位狀態。

1.頂位的分類

(1)按頂位時間的長短不同分

①短頂。

指短時間內的頂位，一般不超過 10 分鐘(不同企業，時間規定有所不同)。上洗手間、喝水多屬於這一類。

②長頂。

指時間較長的頂位，一般指一天以上一星期以內的頂位。病假、

事假多屬於這一類。

(2)按頂位人員的頂位次數不同分

①單頂。

指一個工作日內，頂位人員只對該工序進行一次頂位。

②連頂。

指一個工作日內，頂位人員對該工序進行兩次以上的頂位。這種現象最為普遍。

有人就會有缺席，缺席無可避免。有的工序可暫停工作，等到缺席者返回後再繼續，而有的就不行，如流水線作業，需要有人立即頂位(補缺)，生產才可繼續進行。

2.安排頂位的要點

頂位人員需要具備同等的作業能力，才能保證作業品質。頂位人員平時沒能得到良好的訓練，頂位時就無法適應流水線的作業強度，無法確保作業品質。

(1)培養多能工，隨時替補

有許多作業不良，就是由於頂位人員不熟練而造成的。平時有計劃地培養全能工，是填平缺席陷阱、避過危機的有效方法之一，並要對頂位工序重點確認。

在計算作業工時、配置人數時，必須考慮缺席頂位的時間，也就是要包括多能工。

多能工人數的比例要視長頂和短頂發生的比例而定。

(2)分解工序

有些工序的作業需要長期的經驗積累，才能獲得熟練的技巧。缺席頂位時多能工無法立即適應該工序的作業強度，造成堆積，而影響全工序的工時平衡，此時可用：

①人海戰術。即兩個人頂一個位，三個人頂一個位。

②工序轉移。將部份作業內容轉移至其他工序進行，或壓後再做。

(3) 頂位期間，重點確認

不要以為派了個人頂位，就萬事大吉了。頂位人員的作業品質是否符合要求，要確認了才知道。當作業標準發生改變，可頂位人員尚不清楚其內容時，那麻煩就大了！生產主管要對作業結果進行定時確認，尤其是長頂，確認的頻度要視實際情況而定。

①起初 3～5 天需天天檢查，隔一段時間巡查一遍，直至穩定為止。

②必要時記錄相關數據，或留下樣品。

(4) 工作要點

①縮短連續工作的時間。

連續過長的工作時間，使得效率反而下降（除了特殊工序之外），如果每隔 2 小時就統一休息 10 分鐘，此舉好處在於：

· 有充足的時間上洗手間，避免中途缺席。

· 簡單進食和飲水，恢復體力，降低作業疲勞。

· 聯絡私人感情，預防作業時間內的「交頭接耳」。

②降低產量。

每當年頭年尾、重大節假日時，缺席總是很多，頂都頂不過來。當頂位工序增多，作業工時完全被打亂，每道工序都有不同程度的堆積時，為了確保作業品質，可減少投入（工時增大）。此法慎用！投入少了，就意味著整個生產計劃要重新排過。

③跳空數台。

某道工序的短頂實在找不到人時，在前一道工序上暫停投入，直到後一道工序本人返回為止。不過，這樣生產線便會出現短暫「真空」，要注意「真空」也會破壞工時平衡。

④縮短上洗手間的時間。

上洗手間的次數和時間很難控制，自覺性好的人總是速去速回，而自覺性差的人則會趁機休息一下，取決於當事者的實際生理需求和敬業精神。

⑤開工之前，調配好頂位人員，不要等到開工之後才來找人。生產主管要早來晚走，如果自己都姍姍來遲，生產線大半會開動不了。

⑥多能工的職責不同於管理人員，兩者不能混淆。

莫要以為會做就等於會管理，如果沒有對多能工進行管理手法的培訓，就不要授權讓其從事管理工作，否則管理層次將變多，指示、回饋將更加遲緩。

⑦**演練再演練**。

養兵千日，用兵一時，頂位人員好比消防隊一樣，不僅需要設置，更需要演練，關鍵時刻才能救急。

13 如何管理生產多能工

多能工是指那些在生產作業中可以從事多種崗位操作的人員，因為他們可以被靈活機動地調遣，所以，他們是生產部的活動資源和寶貴財富，作為生產主管應該多加栽培和呵護。這類人員通常擁有幾項技能，待遇高於一般作業人員。對多能工的管理方式如下：

①挑選手腳靈活、接受能力好、出勤率高的作業人員作為多能工人選；盡可能擴大範圍，讓更多的人變成多能工。

②建立清單，如「多功能崗位表」（格式參見例表），以便於掌握

現狀。

③對他們的工作進行定時調換，以確保熟練度。

④注意充員，平時有意識、有計劃地對其進行所有工序的培訓，使其掌握作業內容和適應作業強度。

⑤必要時區別他們的強項，並注意栽培和使用。

⑥要將多能工的待遇與一般作業人員適當拉開，才能發揮多能工的積極性。但多能工之間的崗位職能的津貼要平衡化。

表 7-2　多功能崗位表

序號	姓名	AM 檢查	FM 檢查	CD 檢查	動作檢查	外觀檢查	備註
1		○	☆	△	√	☆	
2		○	△	√	○	√	
3		☆	√	○	√	△	
4		△	○	√	√	√	
5		○	☆	√	√	√	
6		△	☆	○	√	√	
7		√	√	○	☆	△	
8		☆	△	√	√	○	

說明：「☆」表示技能優異，可以指導他人；「√」表示技能良好，可以獨立作業；「△」表示具有此項作業技能，但不很熟練；「○」表示欠缺此項作業技術。

14 如何使用臨時工

臨時工,是指使用期限不超過一年的臨時性、季節性用工。臨時工在滿足企業生產、經營、管理工作不均衡時起著很大的作用。目前,臨時工已經是企業勞力的重要組成部份。

在以下情況下,企業會使用臨時工:

①一年半載才僅有的專業性項目,招人後很快就可以做完,然後沒事幹。

②突如其來的特殊事務,造成在職人員超量負荷時。

③投入設備的資金巨大,但業務量一般時。

④過於簡單,收益很小的超常規任務。

1.臨時工的管理內容

由於臨時性質所決定,對臨時工的管理方法是與正式工有區別的。內容包括:

①臨時工的崗前訓練少,所以,要加強工作過程監控。

②臨時的工作任務往往具有突然性,大家的認識都比較膚淺,因此,要派得力人員實施管理。

③最好給臨時工配置專門的工衣,以示區別。

④工作的追溯性差,一般只通過確認結果來評價過程。

⑤通常須在專人的指導或跟蹤下開展工作。

2.如何管理臨時工

(1)加強培訓與教育

嚴格崗位安全技術培訓和工作紀律教育,經過考試合格後建立相

應的個人檔案，發給臨時工所從事崗位的上崗證後，方能上崗。嚴格安全規程教育，剛分到生產的臨時工不能單獨進行操作，要加強自助保安和互助保安，形成安保網路。

(2) 要保護臨時工的合法權益

做好臨時工的工作保護和保險工作，關心他們的想法、生活等問題，消除歧視態度，為他們創造一個良好的工作生活環境，增大安全係數。

(3) 強化安全監督

特別要做好臨時工和現場監護，既要對工作任務進行明確安排，又要對安全注意事項和事故防範措施進行交底，避免發生意外。

從生產發生的臨時工安全事故原因來看，一些事故和慘劇的發生，就是由於隨便擴大臨時工工種範圍，又失去必要的工作監護造成的。有些工作本應由技術工人去做，但生產主管以為臨時工容易使喚，所以什麼工作都叫臨時工去做。

(4) 加強對臨時工的動態考核

對工作表現不好、不服從管理和違反安全規章制度或工作紀律的臨時工要堅決予以辭退，排除安全生產中的不安全因素和隱患。現在大量企業會僱用鐘點工、兼職人員以及打短工者等非正式員工，生產主管必須面對如何管理這些員工的問題，具體管理方法可以參照臨時工的管理方法。

第 八 章

生產主管要進行工作改善

1 改變現狀一定有不少阻力

　　人們對新的事物或現象的變化一定有習慣性的抵抗。若改變週圍的狀況和工作的內容，開始會不習慣，感到不安。因有這種心理狀態，對新的事物或現象的改變就有討厭和抵抗情緒。

　　這時，會認為至今為止的做法不好嗎？為什麼要改變呢？即使知道改變後會更好，也會去找拒絕的理由來抵抗，可能出現作為理由會說出以下的話：

　　1. 確實是如此，我們錯了。

　　2. 以前做過，但不行。

　　3. 忙了，那事做不了。

　　4. 我們已經是拼命在幹了，再做就做不了。

　　5. 因別人的勸誘，不願做。

　　企業要生存，必須具備問題意識，只有已經倒閉的企業才沒有問

題。身為生產主管，其實最大的任務，就是觖決問題。管理的技巧也可以說是解決問題的技巧。

所謂問題是指「應有狀態」與「實際狀態」的差異，其中「應有狀態」並非理想狀態，而是「應該如此」，是作為某種工作的結果所能預測的狀態，與此相比較的實際狀態出現差異時，就認為有問題。包括：

1. 本來應該的狀態與實際的差距；
2. 不能放任需要馬上解決的事情；
3. 給其他的人員或下一工序添加異常，留下不良影響；
4. 必須致力解決的部份；
5. 想使之實現，使之成功的事情。

把現在開始可能會發生的或已經成為問題的作為問題來認識，這種對待問題的心理活動就是問題意識。

2 現場問題的界定

在現場大聲說有問題是得不出解決問題的對策的。

要解決問題必須明確瞭解問題的構造，瞭解清楚了情況，對策方向明確，也就可以說問題能解決了。如果不瞭解問題的構造，就不知從何處著手才好。

那麼，把問題的構造明確化，如何做才好呢？這就要進行調查，如調查現象，分析結果，或進行分類分析。

整理調查的結果有以下的方法：

⑴圖表表示法(柏拉圖或 line graph)。

⑵特性要因圖表示法。

⑶物品的路徑圖,或分布圖。

⑷生產技術流程圖。

⑸PQ 分析(指生產品種、生產數量的分析)。

在遇到問題時,生產主管首先要界定問題,例如,企業在約定的交貨期卻難以發貨與完成對客戶的時間承諾,在此種情況下,企業的管理者首要的任務就是去界定問題究竟出在那裏。界定問題點的目的並非要將責任推卸給某一個部門。尋找替罪的部門,對尋找問題的根源沒有任何的幫助,生產現場的問題一般出現在品質、成本、產量、管理等方面,問題的種類諸如認為有疑問的,相互爭執的事,有障礙或故障的事,缺乏整合的、感到困惑的、缺乏適應的、引起爭執的事情,有異常事態的、缺乏適當的、欠缺、缺乏、不足的、脫離常態的事情,感到不安的、不知達成方法的、不和諧的、意見分歧的事,不充分的、目標不明確的、目標未達成的、按現狀難以達到目標的事等。

1.品質方面常見的問題點

⑴不良率高、投訴率高、品質異常等。

⑵有關質的衡量:性能、尺寸、強度、純度、外觀的缺點數、色彩等。

2.成本方面常見的問題點

⑴人員空閒、效率低、設備稼動率低、加班多等。

⑵有關成本的衡量:收量、損耗費、廢料、原材料費、工時、加班時間、稼動率、修理工時、不良率等。

3.產量方面常見的問題點

⑴庫存多、資材耗損、產量少、貨期延遲等。

⑵有關量的衡量:收量、工時、效率、不良率、作業時間、加班

時間等。

4.管理方面常見的問題點

⑴士氣低落、安全隱患、現場環境等。

⑵有關士氣的衡量：改善提案件數、遲到率、出勤率、不遵守標準作業件數。

⑶有關安全的衡量：災害發生件數、危險場所、不安全動作件數。

3 現場問題的原因分析

真正明白了問題點的核心所在時，生產主管才能針對核心的問題進行專門、細緻的分析。

例如，企業交貨期的延遲有可能是因為材料供應商本身的交貨期延遲，相應地造成了企業的生產線上的延遲，從而最終導致企業的銷售人員對客戶所做的承諾延遲，只有真正弄明白問題點的核心所在，企業在處理問題時，才能更有針對性，因此，對問題的分析，尤其是對核心問題的分析就顯得尤為重要，因為它決定了解決問題的方向，也直接影響到解決問題的效果，對於生產現場所產生的問題，如何進行原因分析呢？現在比較流行的方法是用腦力激盪法與因果圖（因果圖又叫「石川馨圖」，也稱為魚刺圖、特性要因圖等。它是利用「腦力激盪法」，集思廣益，尋找影響品質、時間、成本等問題的潛在因素，然後用圖形形式來表示的一種十分有用的方法，它揭示的是品質特性波動與潛在原因的關係）來尋找與分析。

例如，對一家企業交貨延遲的原因分析，用這兩種方法分別從「製

造、人、資金使用、物品、交貨」五方面分析。

　　1. 製造生產計劃配合怎樣？樣式如何？生產條件如何？

　　2. 人訂貨情報掌握確實嗎？交貨意識強嗎？

　　3. 資金使用利潤是否過低？運送成本是否太高？

　　4. 物品方法明確嗎？存放位置是否充足？

　　5. 交貨是單方面的決定嗎？交貨期短嗎？數量如何？是否制定了交貨計劃？

　　實際上，在企業生產中，大家在設法解決生產問題時也經常容易犯同樣的錯誤，沒有真正找到問題產生的根源，使得問題越來越嚴重與複雜，在分析、解決問題時，經常遺漏最關鍵的事情。

4 解決問題的步驟

　　問題的剖析不充分主要是因為明確了「問題」，但對「問題點」不瞭解、不明確，在這種情況下，「為什麼？」「這是為什麼？」「這到底是為什麼？」以這種追問方式追究到底、最後碰到的就是問題點，這就是對策進行的對象。

　　其次不能漏掉問題點的根本性問題，在此基礎上考慮對策，這種情況一般需要較長的時間。

　　另外制定對策時，多聽取有關人員的見解和意見。能夠的話最好進行集體討論。

　　為解決問題制定對策需要各種各樣的點子，而拿出好的點子，需要某種程度的訓練。這裏所指的訓練是說對各種事情都關心，養成對

任何東西都問一個為什麼的習慣，執著地堅持下去。

發掘工作方法的不良加以改善，使問題不再重覆，從這種意義而言，把問題的發生視為機會，加以反省，改善工作方法，就是排除問題產生原因的目的，其步驟如下：

1.問題的明確化

明確提出的問題是什麼，是何種範圍作業解決的對象，必須探討發生的原因，在何處。

2.問題現狀的掌握

問題在何處、如何發生、發生多少等，觀察、收集客觀數據，掌握問題發生的習慣性，在這種情況下，如果可能，應以資料來掌握事實。

表 8-1　問題現狀掌握圖

現狀的把握		現象的分析	原因
What　何事 　　　　何物 When　何時 　　　　從何時起 Where　何處 How　多時 Much（Many）多少	不好嗎？問題呢？	When　何時好 　　　　何時不好 Where　何處好 　　　　何處不好 Who　誰做好 　　　　誰做不好 How　如何做好 　　　　如何做不好	

3.目標的設定

考慮現狀、可能性、必要性等，將解決問題至何種程度作為目標來提示。

4.界定問題發生的原因

為何發生問題、考慮候補的原因，此稱為問題的因素，可以利用

查檢表、要因分析圖、柏拉圖等工具來進行分析。

5.原因分析、證據調查

調查真正的原因,應在現場以自己的眼睛、耳朵來確認事實、記錄資料,可以利用系統圖、要因分析圖、柏拉圖等工具來進行分析。

6.針對原因的對策、方案的擬定

為徹底解決問題,要確定適當的對策,並且考慮採取對策需要到什麼程度。

7.對策的可行性分析

在正式實施對策之前,應加以驗證,確認對策能否可行,是否會「水土不服」。

8.對策的實施

明確決定實施計劃或負責人之後,對策進入實施的階段。為了及時掌握實施情況,保證最終目標的完成,可進行計劃進度管理。

9.效果的掌握

調查問題解決至何種程度,問題的原因消除至何種程度,可以利用柏拉圖、推移圖等方法來進行效果確認。

僅僅要求部屬要「小心、注意」是遠遠不夠的,管理者必須制定良好的工作流程、工作方法,從根本上解決問題。有效對策的制定有時是有些難度,但無效的「對策」只能欺騙自己。

10.標準化

將好的方法、心得以書面的形式固定下來,不斷完善不足之處,並嚴格遵守已經確定下來的方法,使問題不再發生,這就是所謂的「標準化」。

表 8-2　有效的對策與無效的對策

序號	無效的對策	有效的對策
1	加强教育，提高員工責任心	新人教育時，主要方面教育內容進行重點教育
2	加强員工品質意識	重點工程處揭示實物，追加確認，打點標識
3	罰款 500 元，通報批評	製作工裝夾具，防止放反
4	螺絲鬆下脫，上緊螺絲	使用緊固力矩調整為 100N
5	教育員工，認真碼放，限制亂擺放	高度（1.5m）
6	知會下工序注意保持清潔	調整作業順序（清潔工序從③調至⑦）
7	拿取小心，發現異常馬上報告	制定一標準圖示懸掛，人員重新培訓拿取方法

心得欄 -

- -

- -

- -

- -

- -

5 方法分析

改善策略的產生有一個過程，即「看法→想法→方法」。首先對現場具備一定的認識，有自己的見解，這就是「看法」；然後因為有了自己的見解，所以就會去思考現場的合理性，尋求更好的方法，這就是「想法」；有了想法就有希望把它付諸實施，充分利用現有資源，創造出有價值的新手法和策略，這就是「方法」。

表 8-3　現場改善策略

名　稱	定　義	例　子
看法(意識)	對現場的認識	現場意識、時間意識、問題意識、全局意識
想法(理念)	自己的見解、基本的理念	成本理念、管理與改善的理念
方法(手法)	具體的手法和策略	價值分析、QC 手法、IE 手法

方法分析集中於怎樣進行工作。工作設計時常從總體操作的方法分析開始，然後從總體到工作的具體細節，最後集中在工作位置的安排和原材料、員工的分配上。方法分析是提高生產率的一種好辦法。

採用方法分析的原因有以下一些不同的方面：

⑴工具設備的改變；

⑵產品設計的改變或新產品的出現；

⑶材料、加工程序的改變；

⑷政府條令或合約協議；

⑸其他因素(例如，意外事故、質量問題)。

　　方法分析既針對現存工作，也針對新工作。儘管對新工作的方法進行分析看來有些奇怪，但仍有必要為其工作建立一種方法。對於現存的方法，一般的程序是當工作目前還未執行時，讓分析員進行觀察，然後進行改進設計。對於新工作，分析員必須依賴工作描述和對操作的想像能力。

1.將現存方法存檔

　　利用圖、表和文字，記錄原有工作實施中所採用的方法，這有助於對工作的理解，並可作為工作改進評估的比較基礎。

2.分析工作，提出新方法

　　方法分析要求對工作的內容、原因、時間、地點、工作涉及人員進行仔細分析。通常，只要對以上這幾個問題簡單分析一遍，並鼓勵分析人員對現有和將要採用的方法採取一種唱反調的態度，便能使工作分析過程簡明化。

　　通過利用各種圖表，例如流程圖和人機圖，能夠使得工作分析和方法改進變得更加簡便。

　　流程圖是通過集中對操作員的運動和原材料的流動，來回顧和批判性檢查一個操作的整個加工順序。這些圖表有助於明確過程中那些沒有生產率的部份（例如，延遲、暫時庫存、遠距離運輸）。

　　流程圖的應用，可包括分析部門的材料流動，研究公司文件表格的傳送順序等等。

　　有經驗的分析員經常列出一個清單，自己向自己提問題，以形成工作改進的一些想法。下面是一些有代表性的問題：

　　⑴這點為什麼會有延遲或儲存？

　　⑵如何縮短或避免傳輸距離？

　　⑶能減少原料的處理嗎？

　　⑷工作位置的重新安排會帶來更高的效率嗎？

(5)相同的行為可歸組嗎？

(6)附加或改進的設施有益嗎？

(7)工人對於改進有自己的想法嗎？

人機圖有助於使得在工作週期內，將操作人員、機器處於空閒或忙碌的部份視覺化。通過人機圖，分析人員能容易地發現何時操作員和機器在獨立地工作，何時他們的工作是交叉或依賴的。這種圖的用處之一是能決定一個操作員應操作多少台設備或機器。

3.實施改進方案

提出的改進方案的成功實施，需要對新方法的合理性進行令人信服的管理和得到工人的協作。如果在改進的全過程中，保持同工人的協商並且採納工人所提出的建議，那麼，比起由分析員獨自承擔方案開發的全部責任來，這部份工作將變得容易很多。

如果所提出的工作方法包含對過去操作方法的重大改變的話，工人就可能需要進行一定的再培訓，方案的徹底實施將需要一定時間來完成。

4.重覆檢查

為確保改進的實現，而且提出的方法如期地發揮作用，分析員應在經過一段合理時間後，應再次檢查工作的運作，並向實地操作人員諮詢。

6 把後道工序當客戶

　　典型的上道工序的工作沒有做好，沒有及時瞭解下道工序的需求，導致下道工序產生不滿，讓生產員工返工、加班，使人力成本增加，最後造成各部門之間的情緒放大，企業財產浪費。

　　因此，為了更好地發揮各自的效用，生產主管應讓員工樹立把下道工序當成客戶的意識，這樣不僅讓員工擁有合作精神，讓企業內建立和諧的人際關係，而且也可讓員工將保證企業產品品質、成本、交期當成自己分內的工作去做，使各個部門工作環環相扣。

　　那如何才能讓員工樹立「後道工序是客戶的意識」呢？生產主管可從以下幾個方面入手：

　　(1)每一個工序的成員應該熟悉自己本工序所負責的工作內容和責任範圍。如果存在一些「灰色區域」則需要生產主管與後道工序負責人員共同協商，以明確界定雙方的責任和義務。

　　(2)教育員工經常站在後道工序即消費者的角度來思考問題，做好本工序工作。

　　(3)生產主管或員工都應多瞭解後道工序的操作程序，例如找後道工序要幾個樣品，以瞭解自己的成品是用在其中的那一個環節或位置。

　　(4)建立與後道工序的聯絡方式，有需要時可以建立視窗連接。

　　(5)及時向後道工序和前道工序回饋相應的信息。

　　(6)設置檢查的樣品，以便於隨時查詢。

　　(7)自己在工作中或工作後隨時進行自我檢查，以便於即時改善。

7 生產現場改善的十二個方法

表 8-4　生產現場改善方法

序號	方法	具體解釋
1	排除	抓住重點。如果它是無足輕重的,那麼,就不必做它。
2	正與反	任何事物都有正反兩面,要正確對待。
3	正常與例外	管理無所不至是不現實的。我們應當尋找異常和例外去管理它們,這樣可以減少很多管理成本。
4	定數與變數	可以用不同的方法對待穩定和變化,降低管理難度。
5	轉化和適應	轉化指功能或目的應用;適應指通過改善或修正,使其符合預期使用效果或作為它用。
6	集中和分散	用一個特定的標準或角度將事物分類成某些項目或單元,把相同的放在一起處理,不同的分別處理。
7	增加和刪減	有必要的,如果沒有就要加上去;沒必要的,如果有就要將其刪除。
8	擴大和縮小	將事物擴大或縮小,使工作更方便。
9	並列和串列	可根據序並列或串列工作,縮短滯留時間
10	改變順序	通過變更工作順序來解決或減少相應發生的問題
11	互補和代替	將停止、等待的時間用其他工作來互補和替代,可以提高利用率。
12	差異和共性	分析事物的差異和共性、根據其物質特性解決問題。

8 生產線動作改善實例

1.能用腳或左手做的事情，決不使用右手

首先考慮到安全的前提下，充分活用腳進行工作的話，被解放出來的兩隻手就可獲得足夠的自由，做更多的其他工作。熟悉的例子有家庭用縫紉機，常見的有「腳踏式鑽床」和「腳踏式焊錫機」。

2.兩手同時作業，盡可能做到同時開始，同時結束

掌握了兩手作業方法的人們，在工作中由於韵律和習慣作用，會使得作業者很容易進入作業狀態，一旦啟動就很難停下來。有節奏的工作不僅工作效率高，而且也不會覺得累。

3.不要讓兩手同時停下來，空手的情況下要下功夫，使其能做點別的什麼工作

在兩手可以同時使用的前提條件下，由於解放了雙手，使其有了自由活動的空閑。不要出現空閑等的情況，有效地使其工作起來，是我們兩手動作研究的新課題。讓雙手充分活用，即便是在機械加工過程中的空閑時間內，都能有效的利用雙手完成下一個工序加工前的準備工作。合理利用雙手的閑暇時間，避免空手等待，是增加生產、削減工作成本的重要著眼點。

4.盡可能小範圍運動，與身體的運動量相比，胳膊、手臂、手腕和手指等的運動量逐漸變小且靈活。

使用身體部位的移位距離越長，當然花在這一動作中的時間也就越長。由於身體部位的移動距離越長，使得人體的運動量也就增大。一天工作下來身體的能量損耗增加，人也就會感覺得工作很辛苦、很

累，甚至會對自己從事的工作產生恐懼心理。因此，要縮短距離，造成縮短運動量。

5.材料和道具要放在作業範圍內

材料和道具要放在手能取到的範圍內，而且要盡可能近的放在容易拿到的地方，並按動作要素的先後順序安排好位置。前一個作業結束後，物品放置成下一個作業最近而且是能夠馬上開始作業的狀態。

6.基本動作要素組合數越少越好

減少基本動作要素是指對於具有一定的作業目的的工作，怎樣做才能將必要的動作要素減少到最小。動作要素越少，其疲勞程度就越小，作業時間也就越短。

7.將 2 個以上的工具組合成一個，材料和零件要放置在容易拿取的容器內，為的是減少動作量

一組作業中，有些工具要頻繁使用的。如果將那些同類的工具組合成組合工具，就可以省去取工具、放工具的時間。

8.長時間手持對象物品時，要利用夾具

往往很多情況下，我們的手都在長時間把持著一些物品進行工作，讓手充當了一個持工具的臺鉗、夾具的作用。手是人們工作中最重要，也是最高級的身體部位，如果讓它從事上述工作，這樣使用方法是非常不值得的。在此情況下，如能使用組裝工具、夾具等的話，人的手就可以解放出來。例如：磁力吸付、壓縮空氣負壓吸付工具等，在工業生產中用途也非常廣泛。

9.要讓動作按一定節奏自動地有序進行

將一個連續動作一直重覆下去，會出現一個動作完成的重覆間隔節拍，就像是音樂的節拍那樣。使人的肉體感覺會自動自覺地跟隨這一節拍，進行有節奏的工作。為了使人的工作也能進入到這種容易、輕鬆、流暢的節奏運動中去，就有必要進行動作研究，安排好動作順

序。

　　輕鬆、愉快地將動作節奏化，要在最適合的速度範圍內進行，修練一段時間就會自然養成習慣，其動作也就會輕鬆自然起來。這種節奏與身體的動作節奏吻合的話，人體的耐力就會提高，人體疲勞就會消退。

10. 兩手同時向相反方向，左、右對稱運動，同時不要向同一方向運動

　　這個與第 2 點「兩手同時動作」完全相同，是它的追加事項。要求兩手交叉、左右對稱，根據人體身體構造和神經作用，以及人的動作習慣而定的，只有這樣才會最大限度減少人體疲勞。如果違背這一規律兩手同時向同一個方向運動，那麼身體的重心就會向一個方向傾斜，造成人體疲勞，嚴重時還會造成局部傷害。

11. 利用慣性、重力、自然力等，同時盡可能地利用外界力

　　工作時運動中的身體部位和手抱著的、拿持著的物品、工具等，給人身所施加的負荷相當於物體的質量乘以加速度而產生的合力。因此某種情況下可以利用物品的慣性、重力，將完成品放入到完成品容器內。

　　另外也可利用加長力距來達到省力的目的。使我們的工作變得更加容易、輕鬆、高效。慣性、重力、自然力等得以充分、合理利用的同時，如果能加以使用機械動力，那麼能量消耗就會大幅度減少，而且還可以達成連續、輕鬆、高效生產。

12. 為了減少疲勞，作業點的高度要調整適當

　　對作業者而言，每日平均要進行 8 個小時左右的特定工作。常年累月在同一作業條件下工作，要特別注意所在的工作場所的作業環境是否合適，作業構成及裝配是否合理。在有條件進行這方面改善的情

況下，要優先實施改善。對有關作業場所，首先考慮的是作業區域的配置問題。

　　作業位置的高度如果不合適的話，作業姿勢就會不自然，那麼員工就會提早進入疲勞狀態，也就無法長時間工作。長期彎腰、曲膝、斜身會使得身體向某一側彎曲。強擰的姿勢狀態下工作非常容易疲勞。因此在決定作業方法時，必須將這類姿勢糾正過來。

表 8-5　動作研究原則

身體的運用原則，例如：
1.雙手應同時開始和結束某件任務的基本分工，雙手不應同時閑著，休息期間除外。 　　2.雙手完成的動作應對稱。 　　3.只要可能，應儘量應用慣性，如果必須要肌肉來克服的慣性，則應被減到最小程度。 　　4.涉及方向突然和急劇變化時，連續的曲線運動比直線運動可取。
工作位置的佈置和條件原則，例如：
1.所有工具和材料應按最好的順序固定放置，儘量消除或減少尋找和選擇動作。 　　2.重力箱和降落傳送裝置應減少加工部件的夠取和移動時間，只要可能，推頂器應自動移開完工部件。 　　3.所有的材料和工具應位於正常工作區內。
工具和設備的設計原則，例如：
1.只要可能，應把兩個或多個工具聯合成一個來完成複合加工操作。 　　2.所有的杠杆、把手、機輪和其他控制裝備應容易操作，並且設計得最具機械優勢，可以利用操作工人最強壯的肌肉群。 　　3.部件應被固定裝置安置於適當位置。

第 九 章

生產主管要控制品質

1 確保產品品質

　　品質的問題需要一些複雜的手法，如新舊 QC 七種工具、工程能力分析等，但是現場的許多問題僅涉及一些簡單的事務，例如：生產技術以及每天所發生的問題和變異，不適當的工作標準及由於作業人員疏忽造成的錯誤等。為了減少變異，管理部門必須建立標準，促使作業人員遵守紀律、作業標準以及確保不良品不會流到下一道工序。大部份的品質問題可以用現場、現物、現實的「三現」原則，以低成本、常識性的方法來解決。生產主管必須在員工中導入團隊合作的方式，因為員工的參與，是解決問題的關鍵。那麼，現場如何確保優良品質呢？

1. 取消此作業

　　對於難度較大，不容易掌握的作業，如果能夠取消的話儘量取消，採用其他容易的方法代替。

2. 用機器代替人工

人往往被自己的想法、情緒所左右，所以工作時呈波浪形的狀態，起伏不定。能用機器設備控制的時候，就不要使用人，這樣可以減少很多偏差。

3. 使作業簡化

對複雜的作業，通過分解、合併、刪除、簡化等方法使其簡單容易化，便於作業人員作業。

4. 檢查

當採取種種對策都無法杜絕問題的發生時，只有通過檢查來防止不良品流入下一道工序。檢查點的設置是檢查的關鍵，要特別注意有無遺漏。

5. 降低影響

不良品無法根治時，我們應努力降低不良品的影響。如機器的雜訊，絕對沒有是不現實的，但是我們可以把它控制在可以接受的範圍內，然後慢慢朝靜音方面改善。

2 樹立員工的品質意識

在日常品質控制管理的過程中，最重要的因素仍然是人。人是生產現場品質控制中最為重要的一環，如果你的團隊中員工知識匱乏、工作成績差、辦事能力低，那麼你的生產產品品質肯定很容易出問題：不良率老是居高不下；下道工序的同事老是來投訴，出現這些情形，生產主管就該著手找找自己的原因，是平時沒有做好培訓、日常工作

中指導不到位，還是自己的管理經驗不足……

　　有培訓才有進步。員工素質參差不齊，他們的素質集中反映為責任心和工作作風，現場的許多問題，往往不是由於技術或設備達不到造成的，而是由於操作者缺乏責任心，該做的事沒做到。所以，生產主管有必要對員工進行技術培訓和素質教育，讓每位員工掌握技術要領，並能熟練掌握操作技巧，以端正的心態對待工作，從而生產出品質穩定的產品。

　　操作人員的素質是產品品質的基礎。提高生產作業人員素質對搞好品質控制非常重要，因此，作為生產主管，一定要對下屬員工做好品質培訓工作。員工品質培訓可達成以下幾個目的：

　　培訓首先應當解決的問題是員工的品質意識。因為一般作業人員只有充分認識到品質的重要性，才會將品質放在第一位，才不會違反重要的種種作業規範及程序，才不會隨意犧牲品質去單純追求數量、進度，更不會因此而偷工減料。員工的品質意識是企業品質管理體系得以建立和正常運行的基礎，所以，如果一線作業人員的品質意識不強，企業的品質管理體系要想取得真正的成效，那是根本不可能的事情。

　　培訓的目的是使企業內一線作業人員具備相應的知識和技能，而這些知識、技能與經驗相結合將提高他們的能力。員工透過培訓，具備了相應的知識，而這些知識、技能和經驗相結合會使員工具備相應的能力。實際上，透過培訓，員工的能力都會有一個相當大的提高，這為滿足他們的發展需求創造了必要的前提條件。

　　員工具備或提高了「相應的能力」，反過來會使企業獲得更大的效益，提升企業整體管理水準。

3 品質管制的 4 個因素

企業全面品質管制的一個重要特點是「預防性」。那麼生產過程中影響產品質量的主要因素有那些呢？

人員(Man)──員工；

設備(Machine)──包括機器和技術裝備；

材料(Material)──包括零件、材料和半成品；

方法(Method)──包括作業方法、條件和環境。

1.「人」的管理

在四大因素中，人是最重要的，不論是設備的操作、檢修、保養，還是材料的驗收把關，以及作業方法的遵守和改進，都要依靠員工的智慧和積極性。

因此，對生產主管來說，必須做好以下幾方面工作：

⑴讓員工充分理解質量標準和作業標準。

⑵按要求進行充分訓練。

⑶加強對自己作業質量的控制。

⑷提高對自己工作重要性的認識。

⑸加強全面品質管制方法的宣傳教育。

2.「設備」的管理

這裏所說的「設備」，包括設備、機械及裝置以外的夾具和量具等。設備的管理是要及早發現設備運轉不良及分析其原因，採取適當的措施；而且還要進行預防性維護，以防患於未然。對設備和機械，包括夾具、量具等，都需要生產主管組織員工進行日常檢修，以及依

據一定的標準進行定期的檢修和調整。

3.「材料」的管理

這裏的材料，不只是產品的原材料，也包括生產中所使用的零件和輔助材料等。材料的管理主要是加強驗收檢查，改進保管方法，避免材料的碰傷、變形和變質等。對保管中的材料進行定期檢查，對將出庫的材料嚴格檢查把關。

4.「作業方法」的管理

應該將最佳的作業方法予以標準化，予以成文，由生產主管向員工徹底說明。

4 品質管制的工作循環

品質管制工作循環即計劃(Plan)－執行(Do)－檢查(Check)－處理(Action)四個階段的順序不斷循環進行品質管制的一種方法。簡稱為 PDCA 工作循環。PDCA 工作循環是組織質量保證體系運轉的基本方式。

1. 品質管制工作循環的內容

有四個程序和八個步驟：

(1)計劃階段

經過分析研究，確定品質管制目標、項目和擬訂相應的措施。其工作內容可分為四個階段：

分析現狀、找出存在問題，確定目標；分析影響質量問題的各種原因；從影響質量原因中找出主要原因；針對影響質量的主要原因，

擬定措施計劃。

(2)執行階段

根據預定目標和措施計劃，落實執行部門和負責人，組織計劃的實現。執行措施，實施計劃。

(3)檢查階段

檢查計劃實施結果，衡量和考察取得的效果，找出問題。

(4)處理階段

總結成功的經驗和失敗的教訓，並納入有關標準、制度和規定，鞏固成績，防止問題重新出現，同時，將本循環中遺留的問題提出來，轉入下一個循環去加以解決。總結經驗，把成功的經驗肯定下來，納入標準；把沒有解決的遺留問題，轉入下一階段。

PDCA 管理工作循環就是按照以下四個程序和八個步驟不停頓地週而復始地運轉。PDCA 管理工作循環見圖 9-1。

圖 9-1　PDCA 管理工作循環圖

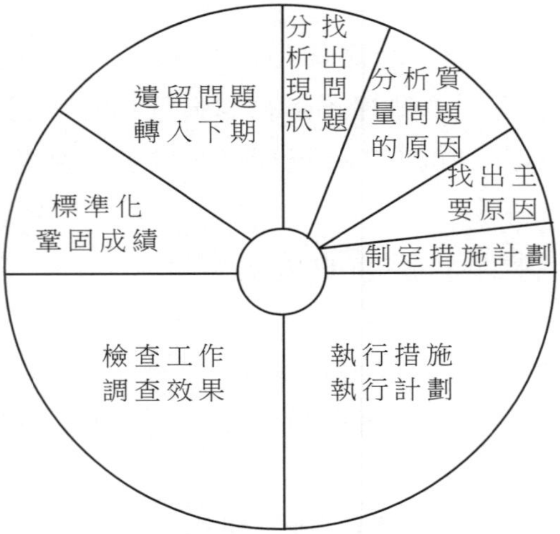

2.品質管制工作循環的特點

質量保證體系按照管理循環運轉時，一般有下列特點：

整個企業的質量保證體系構成一個大的管理循環，而各級、各部門的管理又都有各自的 PDCA 循環。上一級循環是下一級循環的依據，下一級循環是上一級循環的組成部份和具體保證，大環套小環，小環保大環，一環扣一環，推動大循環。

管理循環每轉一週就提高一步。管理循環如同爬梯一樣，逐級升高，不停地轉動，質量問題不斷得到解決，管理水準、工作質量和產品就能達到新的水準。見圖 9-2。

圖 9-2　PDCA 週而復始循環圖

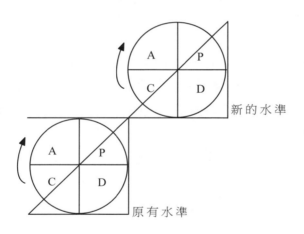

5 質量統計分析的工具

全面品質管制的基本特點之一就是要用「數據說話」，通過對數據的收集、整理和分析，從而為控制產品質量提供依據。

1. 分層法

分層法又叫分類法，是整理質量數據的一種重要方法。它是把所收集起的數據按不同的目的加以分類，將性質相同、生產條件相同的數據歸為一組，使之系統化，便於找出影響產品質量的具體因素。

分層法常用的分類標誌有：

① 按不同的時間分：如按不同日期、不同的班次等分層。

② 按操作人員分：如按性別、文化程度、技術等級、工齡等分層。

③ 按使用設備分：如按不同型號的設備、不同的工裝夾具、新舊程度等分層。

④ 按原材料分：如按不同的材料規格、型號、供應單位、成分等分層。

⑤ 按操作方法分：如按不同的技術方法、操作的連續程度、機械化程度等分層。

⑥ 按檢測手段分：如按不同的檢測人員、檢測儀器等分層。

⑦ 按產生廢品的缺陷項目分：如按鑄件的裂紋、氣孔、縮孔、砂眼等分層。

⑧ 其他分類：如按不同的工作量、使用單位、使用條件等分層。

分層法必須根據所研究的問題的目的加以運用，分層時應使在同一層內數據的波動盡可能小，每一層內的數據盡可能均勻、層與層之

間的差別要盡可能大；同時，要考慮層與層間的各因素對產品質量的影響是否相關。

2.排列圖

排列圖又稱帕累托圖，是以義大利經濟學家帕累托的名字命名的。它是找出影響產品質量關鍵的有效方法。畫排列圖首先要收集一定期間的數據（以 1～3 個月為宜），然後對資料進行加工整理，據以畫出直方排列圖。圖上應註明取得資料的日期、數據總數、繪製者姓名、繪製日期及其他有參考價值的事項。

例：某軸承廠機加工工廠加工的軸承套圈，第一季有不合格品 589件，其中平面加工不合格 36 件，內徑 371 件，外徑 37 件，內溝 53件，外溝 92 件。

按照分層統計的要求，將資料依大小排列，並計算出比率和累計比率，見表 9-1。

表 9-1　比率和累計對照表

工序	數量（件）	比率（%）	累計比率（%）
內徑	371	62.99	62.99
外溝	92	15.62	78.61
內溝	53	9.00	87.61
外徑	37	6.28	93.89
平面	36	6.11	100.00
合計	589	100.00	

　　然後根據數量畫出排列圖，如圖 9-3：

圖 9-3　　排列圖

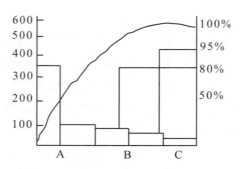

　　圖 9-3 的左邊縱坐標是廢品發生件數（頻數），右邊縱坐標是廢品發生的頻率百分數，橫坐標是影響產品質量的因素。顯然，在此例中統計標誌為產生廢品的工序。圖中的每一直方柱子表示產生廢品的件數，是按各工序產生廢品的多少依次排列。圖中的曲線也稱帕累托曲線，是表示因素影響大小的累計百分數。在一般情況下，把累計百分數分為三類：0%～80%為 A 類，80%～90%為 B 類，90%～100%為 C 類，A 類為主要因素，一般只有一兩個問題，但所佔累計百分比很高，即所謂「關鍵的少數」；B 類為一般因素；C 類為次要的因素。其中主要因素也就是質量控制的主要對象，很明顯磨內徑和外溝超差是影響該種軸承加工不合格品率的 76.61%。

　　為了進一步挖掘問題的原因，還可以就主要因素的數據，再按一定標準統計劃圖。

3.因果分析圖

　　排列圖只能找出影響質量的主要問題，而要解決這些問題，必須把產生這些問題的原因找到，以便有的放矢地解決問題。質量問題的產生常由多種原因綜合作用造成，以結果作為特性，以原因作為因素的因果分析圖，恰恰能有效、簡便地從錯綜複雜的原因中理出頭緒，

找出真正起主導作用的原因。

圖 9-4　質量問題的原因

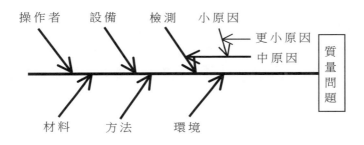

因果分析圖的繪法：

①明確分析對象，將要分析的質量問題寫在圖右側的方框內，畫出主幹線箭頭指向右側方框。

②找出影響質量問題的大原因，與主幹線成 60 度夾角畫出大原因的分支線。一般地，導致工序質量問題的大原因常歸為人、機器、材料、技術法則、檢測手段和器具及環境六個方面。

③進行原因分析，找出影響質量大原因的中原因，再進一步找出影響中原因的小原因……依此類推，步步深入，直到能夠採取措施為止。

④找出影響質量的關鍵原因，採取相應的措施加以解決。

4.直方圖

直方圖是頻數直方圖的簡稱，它是將數據按大小順序分成若干間隔相等的組，以組距為底邊，以落入各組的頻數為高所構成的矩形圖。直方圖是對數據進行整理分析，通過數據的分佈特徵來驗證工序是否處於穩定狀態，以及判斷工序質量的好壞等。

直方圖是根據有關數據繪製出現的，現通過直方圖形狀來分析判斷生產過程正常與否。

①正常型直方圖

如果圖形此時呈中間高、兩邊低，左右近似對稱，此時工序處於穩定狀態。

②折齒型直方圖

如果圖中出現數塊凹凸不平的形狀，往往是由於作圖時數據分組不當，或測量儀器誤差過大，或觀測數據不準等原因造成的。

③偏態型

所繪圖形中頂峰偏向一側，有時偏左，有時偏右，原因是有公差要求的特性值是偏向分佈。

④孤島型

圖中一旁有孤立的小直方圖，當工序產生異常、原料發生變化、在短期內有不熟練員工替班加工等，都會造成孤島型分佈。

⑤雙峰型

圖中出現兩個峰，這是由於測量值來自兩個總體分佈，現混在一起造成的，應加以分層。

⑥平頂型

所繪圖中沒有突出的頂峰，呈平頂形，通常是由於生產過程中某些緩慢的傾向在起作用，如工具的磨損，操作者的疲勞等。

5.控制圖法

在生產過程中定期抽樣，測量各樣品的質量特徵值，將測得的數據用點子描在圖上，如果點子落在控制界之內，排列無缺陷，表明生產過程正常，不會產生不合格品；如果點子越出控制界限，或點子雖沒跳出控制界限，但排列有缺陷，則表明會出質量問題，必須及時查明原因並予以消除。

6.散佈圖法

散佈圖法是指通過分析研究兩種因素的數據之間的關係，來控制

影響產品質量的相關因素的一種有效方法。

　　在生產實際中，往往是一些變數共處於一個統一體中，它們相互
聯繫、相互制約，在一定條件下又相互轉化。有些變數之間存在著確
定性的關係，它們之間的關係，可以用函數關係來表達，如圓的面積
和它的半徑關係：$S = \Pi r^2$，有些變數之間卻存在著相關關係，即這些
變數之間既有關係，但又不能由一個變數的數值精確地求出另一個變
數的數值。將這兩種有關的數據列出，用點子打在座標圖上，然後觀
察這兩種因素之間的關係。這種圖就稱為散佈圖或相關圖。

　　散佈圖法在工廠生產中會經常用到。例如：棉紗的水分含量與伸
長度之間的關係，噴漆時的室溫與漆料黏度的關係；熱處理時鋼的淬
火溫度與硬度的關係；零件加工時切削用量與加工質量的關係等等，
都會用到這種方法。

　　散佈圖的分析：

　　根據測量的兩種數據作出散佈圖後，就可以從散佈圖上點子的分
佈狀況，看出這兩種資料之間是否有相關關係，以及關係的密切程度。

　　7. 檢查表

　　①定義。

　　檢查表是最簡單有效的檢查問題的方法，可廣泛應用於檢查分析
並統計數據，快速找到問題點。

　　②目的。

　　通過檢查表，確定工作的完成進度或者問題點。

　　③用途。

　　· 對問題的檢查；

　　· 對工作進度的檢查；

　　· 對質量檢驗項目的檢查。

6 全面品質管制(TQC)

　　全面品質管制是指企業為了保證和提高產品質量，組織企業全體人員和有關部門參加，綜合運用管理技術、專業技術和科學方法，開發、研製、生產和銷售用戶滿意的產品的系統管理活動。

　　全面品質管制的特點集中表現在「全」字上，即全體人員、全部過程、全部內容、管理方法的全面性。

1.全體人員參加

　　就是要求企業上自最高主管，下至每位工人，都要投入以產品質量為中心的管理工作中去；要把改進組織管理，研究專業技術和應用數理統計有機地結合起來，貫徹質量第一的方針；要廣泛開展群眾性的質量信得過或 QC 小組活動，調動全體員工關心和參加品質管制的積極性。

2.全部過程

　　就是要求把品質管制工作的重點，從「事後把關」轉移到「事先預防」上來。要從產品設計、試製，原材料和外購件的採購、驗收、生產、銷售，一直到銷售後的用戶服務工作，都嚴格進行品質管制。要求事先把生產過程中影響到產品質量的各種因素加以控制，使整個生產過程始終處於穩定狀態，從而充分保證產品的質量。

3.全部內容

　　是指這裏的「質量」，不僅是狹義的產品質量和有關的工作質量，如產品成本的質量、生產數量和交貨期的質量，銷售與服務的質量，而且還要更廣泛地包含以提高產品質量為中心的各部門人員的工作質

量，如情報的質量、方針決策的質量等。

4.管理方法的全面性

品質管制方法是各種各樣的，應把這些方法綜合起來發揮其對品質管制的作用。因為，影響產品質量的因素是多種多樣的。只有根據企業產品品質管制的特點和實際情況，把握和運用綜合而全面的管理方法、管理技術，控制影響產品質量的諸要素，才能使產品質量穩定而且不斷提高。

7 全面品質管制的基本內容

全面品質管制的基本內容，貫穿於產品質量產生、形成和實現的全過程。牢固樹立「質量第一」的指導，制定切實可行的質量方針，健全質量體系，強化質量標準、計量、情報、教育等基礎性工作，並靈活運用各種科學方法，是品質管制的先決條件。

1.設計、試製過程的品質管制

設計、試製過程的品質管制是市場調查、試驗研究、產品設計、技術設計、新產品試製與鑒定等正式生產前的全部技術準備工作的品質管制，其目的是保證產品和技術設計質量，防止產品和技術的先天不足。通過設計、試製過程的品質管制，真正從源頭上控制產品質量，消除產生質量問題的「土壤」。事實上，在質量問題中，設計因素佔了很大比重，大大超過製造因素，「產品質量不僅是製造出來的，更是設計出來的」。這種認識的轉變，促進了品質管制重點向設計過程的轉移。

設計、試製過程品質管制的主要內容有：

①根據用戶調查和收集來的質量情報制定質量目標，避免設計的盲目性，確保設計適當性。

②根據驗證及試驗資料，認真分析企業的技術與技術條件，選擇合理的設計方案。

③會同產品設計人員和市場營銷部門、技術部門、製造部門等有關人員，共同評議和審查產品設計質量。

④針對新產品試製和鑒定過程中所得出的問題，對產品設計進行必要的修改和校正，檢查和監督新產品的定型質量，確保其成功投產。

⑤保證設計圖紙、說明等技術文件質量。

⑥組織新產品設計質量的技術分析。

2.生產製造過程的品質管制

生產製造過程是實現產品質量的關鍵環節。生產製造過程的品質管制以保證產品製造質量為目的，其主要內容應圍繞人、機器、工具、原材料、方法、測量手段與方法、環境等六項因素（即 5M1E）展開。

①根據上述 5M1E 六個因素相互關係及其與質量波動的內在聯繫的研究，不斷改善和優化設計，加強技術管理，以提高生產運作過程質量（又稱工序質量或工程質量）。從根本上確保產品質量。

②健全和完善技術卡、工序卡等技術文件，嚴格現場操作管理，組織和促進生產運作，將生產運作要素控制在允許的狀態範圍，實現操作過程最佳化。

③採用合適的檢驗方式，按照自檢、互檢、專檢相結合的原則組織技術檢驗，及時發現生產過程中出現的不合格品，嚴格把好各工序的質量關。

④組織質量分析，掌握產品質量和工作質量的現狀及發展動態。特別要通過對不合格品的分析，找出產生問題的原因，明確具體措施，確保質量目標的完成。

⑤實行工序質量控制。包括兩方面內容：其一，建立管理點，即把那些在一定時間內、一定條件下需要加強監督，需要使用各種技術和方法進行管理的重點工序和重點部位，作為品質管制的重點對象明確下來。可見，管理點實際上就是生產過程中的一些質量關鍵所在或質量上的薄弱環節。其二，使用控制圖等質量控制方法。

⑥組織製造過程質量的技術分析。為保證製造出來的產品符合產品設計質量的要求，從經濟的角度看包括兩方面費用：一是由檢驗費用和質量預防費用構成的品質管制費；二是由於產生不合格品所形成的質量損失，包括廢品、返工、停工、索賠等各種損失。兩者之和即通常所說的質量成本。

3.輔助服務過程的品質管制

圍繞保證產品質量這一目的，輔助服務過程包括物資供應、工具供應、設備維修、運輸保管等技術條件和服務等質量保證活動，通過自身的品質管制，為生產製造過程提供優良的物質技術條件和服務。例如，通過科學維修使機器設備處於良好的運行狀態；確保夾具、量具等技術裝備的型號和規格符合生產製造過程要求；按質、按量、按時進行原材料和外協件的採購與供應等等。

4.使用過程的品質管制

使用過程是產品質量形成的歸宿，也是實現生產目的的過程。使用過程的品質管制以保證產品在使用中正常發揮作用、滿足使用需要為目的。主要內容包括：

①積極開展技術服務，包括編制科學的產品說明書，舉辦培訓班，設立技術諮詢服務站，供應備品備件等。

②進行使用效果與使用要求的調查。這項工作不僅會為企業發現產品主要缺陷、進而改進產品或開發新產品提供重要依據，而且也是促進企業和用戶之間感情交流的一項有效的公關措施，這將有助於提

高企業的競爭能力。

③認真處理出廠產品的質量問題。要樹立為用戶著想，熱情、認真處理用戶意見，積極改進產品質量，化不利為有利。

8 全面品質管制(TQC)的實施步驟

全面品質管制的實施其實就是質量體系的建立與實施程序，一般而言，建立質量體系的步驟可分為總體設計、文件編制和實施運行三個階段。

1.先制定質量方針

質量方針作為企業最高經營決策的主要內容之一，明確了企業總的質量宗旨和方向，對指導企業開展品質管制活動具有十分重要的售後作用。在制定企業質量方針時，應注意分析以下因素：

①企業的經營環境。如市場需求和競爭情況，國民發展規劃，政策法規等。

②企業的經營戰略和長期發展規劃。質量方針應服從企業發展的整體目標，有助於成功地實現企業經營戰略和長期發展規劃。

③品質管制現狀。通過現狀分析，可以發現品質管制中存在的不足和突出問題。質量方針和目標應體現這些問題，從而加以及時解決。

在制定質量方針的同時，還必須注意質量方針的展開。企業各級、各部門要根據本部門的職責，制定具體實施計劃，作為實現質量方針的具體行動綱領，以確保將質量方針落到實處，做到上下左右協調統一。

表 9-2　質量體系的實施步驟

階段劃分	工作內容、事項	備註
總體設計 階　　段	領導決策，統一認識 建立專門工作機構 工作人員培訓，制定工作計劃 制定質量方針，確定質量目標 調查現狀，找出薄弱環節 與系列標準對比分析 結合實情，選擇、確定質量體系要素 確定質量職責、職權 質量體系組織結構 資源配置	可諮詢外部專家 必要時進行調整 進行調整和充實
文件編制 階　　段	編制質量手冊 編制程序文件 編制質量計劃 確定質量記錄的種類、格式	制定文件管理程序
實施運行 階　　段	實施質量教育 組織指揮協調 建立資訊反饋系統 質量審核、評審 檢查、考核	

2.選擇、確定的質量體系要素

　　為合理選擇，確定質量體系要素，首先要研究和選擇擬採用的 ISO 9000 系列標準。一般質量體系所處環境有四種可能：企業自身品質管制指南的需要、企業與用戶之間的合約環境、用戶認證或註冊、第三方（權威機構）認證或註冊。無論那種情況，企業都應事先認真研究 ISO 9000-1，然後根據不同需要選擇不同的 ISO 9000 系列標準。具體可採用兩種方式：

①企業根據自身發展的需要，希望提高自身的品質管制水準，從而積極、主動地建立質量體系，稱為管理者推動。此時供方企業首先使用 ISO 9004-1 及其適用的標準，為建立一個全面、完善、有效的質量體系所需的品質管制方法提供指導。之後供方企業可選擇 ISO 9001～9003 中某個適用標準作用質量保證模式，以證實質量體系的適用性和有效性。

②企業為了滿足合約或認證環境下外部質量保證的需要，根據其提出的要求建立質量體系。稱為受益者推動。此時，供方企業首先應按受益者的要求選擇 ISO 9001～9003 中某個標準建立質量體系，但在產品質量、成本和體系內部運轉取得重要進展時，應考慮以選定的質量保證模式為核心，在 ISO 9004-1 及其適用的分標準指導下，建立一個更加全面、完善、有效的質量體系。

圖 9-5　建立質量體系的兩種方式的比較

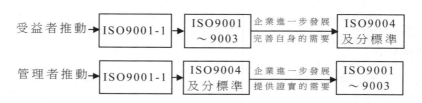

關於 ISO 9001～9003 質量保證體系的選擇，應從實際情況出發，選用既能滿足要求，又對供需雙方都有利的合適體系。如果體系要求的保證程序過高，增加不必要的質量保證活動，就會導致供方企業質量成本增加，需方也因此承擔了一些不必要的費用；如果體系要求的保證程度過低，也會導致需方因產品缺陷風險加大而費用增加，供方企業的信譽和利益也受到影響。

其次，對照選定的標準，對企業各部門、各環節品質管制的現狀進行調查，找出差距和不足，並參考國內外企業建設質量體系的實踐，

選擇並確定具體的質量體系要素，明確對每項要素進行控制的要求和措施。

表 9-3　質量保證體系的選擇因素

因素＼體系	ISO 9001		ISO 9002		ISO 9003
設計過程複雜性	複　雜	⟶	不複雜		
設計成熟性	不成熟	⟶	成　熟		
生產過程複雜性	複　雜	⟶	不複雜		
產品特性	複　雜		不複雜		
產品安全性	要求高	⟶	要求低		
經　濟　性	需綜合權衡				

3.編制質量手冊

質量手冊是「闡述一個組織的質量方針並描述其質量體系的文件」，是質量體系的統帥性、綱領性、總體性文件。質量手冊是建立質量體系的重要標誌，是進行質量體系審核和評價、管理的依據。

通過編制質量手冊，可以：

①傳達組織的質量方針、程序和要求；

②促進質量體系有效運行；

③規定改進的控制方法及促進質量保證活動的活動；

④環境改變時保證質量體系及其要求的連續性；

⑤為內部質量體系審核提供依據；

⑥作為有關人員的培訓教材；

⑦對外展示、介紹本組織的質量體系；

⑧證明本組織的質量體系與顧客或認證機構所要求的質量體系標準完全符合且有效；

⑨作為承諾，向顧客提出能保證得到滿意的產品或服務。

質量手冊的主要內容一般應包括：企業的質量方針；企業的品質管制組織結構；管理、執行、驗證或內審質量活動人員的職責、職權，以及他們之間的關係；質量體系程序及其說明；質量手冊的評審、修改和控制的規定等。

4.編制質量計劃

質量計劃是指「針對某項特定的產品、項目或合約，制定專用的質量措施、資源和活動順序的文件」。通常質量計劃應參照質量手冊的有關部份來編制，以適應特定的場合。

質量計劃是品質管制和質量保證在特定的產品、項目或合約上的具體體現。它是針對特定產品和需重點控制的項目、合約所編制的設計、採購、製造、檢驗、包裝發運等的質量控制方案，一般不是單獨一個方案，而是由一系列文件所組成。

表 9-4 質量檢驗方式分類表

分類標誌	檢驗方式	作用特徵
工作過程的次序	預先檢驗	加工前對原材料、半成品的檢驗
	中間檢驗	產品加工過程中，完成每道工序或幾道工序後的檢驗
工作過程的次序	最後檢驗（完工檢驗）	工廠完成全部加工或裝配後的檢驗，一般是對半成品或成品的檢驗
檢驗地點	固定檢驗	在固定地點檢驗
	流動檢驗	在加工裝配的工作地現場進行
檢驗數量	普遍檢驗（全數檢驗）	對檢驗對象的全體進行逐件檢驗
	抽樣檢驗	對檢驗對象按規定比率抽檢
預防性檢驗	首件檢驗	當改變加工對象或改變生產條件時，對第一件或頭幾件產品進行檢驗
	統計檢驗	運用概念論和數量統計原理，借助統計檢驗圖表示檢驗

具體編制時，往往經歷一個由粗到細的過程。一般質量計劃應對下述內容作出規定：

①應達到的質量目標；

②實施過程各階段中責任和許可權的明確分配；

③應採用的特定方法、程序和作業指導書；

④有關階段（設計、研製等）的試驗、核對總和審核大綱；

⑤隨項目進展而修改和完善質量計劃的方法；

⑥為達到質量目標必須採取的其他措施。

9 常用的質量統計指標

生產過程中，物料流轉主要是以在製品形式進行的，工廠各個小組、各道工序之間的聯繫，主要表現在在製品的流轉關係。企業應加強在製品管理，有效地控制在製品的流轉過程，縮短生產週期，避免在製品損失和積壓，努力使庫存降到零，以保持作業現場的整潔和建立正常的生產秩序，並大量減少流動資金佔用、加速資金週轉及降低成本。

在製品管理是生產管理中重要的內容。嚴格控制在製品的佔用量，是物流管理的一項重要內容。如果管理不善，賬物不符，流轉不順暢，好壞不區分，亂磕亂碰，生銹變質，就會造成嚴重浪費。

表 9-5 質量統計指標

項　目	定　義
客戶投訴次數	重大品質案件發生的次數
相同客戶投訴再次發生次數	類似產品同一客戶同一投訴原因再度發生的次數
未準時交貨%	100%準時交貨率
銷售退回金額%（品質原因）	$\dfrac{銷售退回金額}{總銷售金額} \times 100\%$
AQQ（PPM）	$\dfrac{總不良數}{總抽樣數(1-批退貨率)} \times 100\%$
OBA（PPM）	$\dfrac{總不良數}{總抽樣數} \times 100\%$
準時交貨率	$\dfrac{準時交貨數}{應交貨總批數(1-批退貨率)} \times 100\%$
第一次良品率	$\dfrac{第一批產出量(良品)}{批投入量} \times 100\%$
返工率	$\dfrac{全部返工量}{全部批投入} \times 100\%$
總良品率	$\dfrac{批總產出量(含返工)}{批總投入量} \times 100\%$
個別零件使用率	$\dfrac{個別零件或原料使用}{正常成品(零件標準量)}$
空運出貨率（非客戶）	$\dfrac{總出貨貨櫃}{總空運貨櫃數}$

第 十 章

生產主管的設備維護工作

1 生產主管的設備管理工作

整個設備管理工作,是保證企業設備管理目標實現的基礎。它主要指關於設備的正確使用、日常維護管理。其基本任務是:合理作用設備,精心維護設備,及時修理設備,作好必要的原始記錄,使設備經常處於良好的技術狀態。

1. 設備管理工作的意義

(1)可使設備管理更利於結合

要激起操作工參加設備維護的積極性,使設備管理具有廣泛的群眾基礎。

(2)可使設備更好地運行,保證生產任務順利完成

如果生產中只管使用,不管維護;只管生產任務超額,不管設備的承受能力,任意超負荷、超速,設備的精度性能就會降低,結果不僅精度難以恢復,還會因停工時間過長而打亂生產計劃。

⑶可使廣大操作者瞭解設備管理目的及其重要性

2.設備管理工作的基本內容

設備管理是指圍繞設備開展的一系列工作的總稱。加強設備管理，對於保證企業生產經營機制的正常運行，有著十分重要的作用。

生產現場是設備直接使用的場所，設備管理的內容涉及各個方面，其主要有：

⑴通過技術培訓，使設備的操作者熟練掌握設備性能和操作方法，使設備發揮出最佳效能。

⑵制訂設備的操作、維護責任制，貫徹安全操作規程，並同工作崗位責任制的檢查、考核結合起來。

⑶做好設備運行時間、運行狀況、生產數量、產品質量等記錄，保證原始記錄準確無誤。

⑷定期檢查設備的性能、完整、安全狀態，對異常現象及時採取維護措施，或提出急待維修的部位，申請及時報修。

表 10-1　機械設備定期檢查表

機構名稱	檢查情形											處理方法	備註
	清潔	潤滑漏	軸封漏	聯結器	皮帶	震動	聲響	螺絲	變速機	軸承	馬達		

⑸加強設備的日常點檢、維護和保養，及時處理設備故障，配合分析處理設備事故，在職責範圍內，認真做好有關的準備和善後工作。

⑹認真登記和保管好班組負責的設備檔案，不漏記、不塗改、不遺失、不損傷，確保設備檔案的完整。

⑺按要求做好設備生產能力的核查、保養水準的統計、完好狀態的普查等工作，嚴格執行設備運行的交接班制度(如表 10-2 設備保養記錄卡)。

表 10-2　設備保養記錄卡

設備保養記錄卡							
區域：							
設備名稱		型式			用途		
製造廠家		機號			尺寸		
製造年份		重量			開始運行日期		
馬達數據							
項目＼名稱	廠牌	形式	電壓	電流	馬力	轉速	其他內容
保養記錄							
日期	停車時間	故障原因及處理經過		修理費用		檢修人	

3.設備管理的方法

生產主管針對設備管理的方法，主要有以下方面：

(1)做到合格使用設備

要做到合格使用設備，需要注意做到：根據設備的性能、結構和技術特點，做到不同的設備各盡其用；操作者要先培訓後工作上崗；為設備創造良好的工作環境；制定有關使用和維護設備的規章制度。

(2)建立設備考核指標

對設備管理的優劣程度，應以完成各項指標的等級予以評價。考核班組設備管理的指標有：完好率、維護率、故障停機時間、設備事故、備件消耗和油料消耗等。

(3)進行檢查評比

為激發設備操作者愛護設備的責任心和提高維護保養水準，應組織開展檢查評比活動。檢查的形式可有班組自檢(每週一次)、工廠組織檢查(每十天一次)、廠組織檢查(每月一次)三種。

檢查的內容可包括：設備的完好狀況和清潔度；設備運行記錄和交接班啟示；設備管理制度貫徹執行情況；設備故障原因分析記錄；持證上崗操作；檢查評比條件；各項設備考核指標完成情況；設備管理記錄完善無誤；操作者應知會操作技術，達到規定的水準。

評比的辦法，可設先進個人、團體綜合獎考核和年度評優考核等。

2 生產設備的管理流程

1. 台賬登記設備來源有三種

(1)由使用部門提出申請，經確認後購買的。

(2)由設備部門或工序技術部門自行設計、製作的。

(3)由客戶提供使用的。不論其來源如何，都必須填寫相應的管理台賬(表 10-3)。

表 10-3　設備管理台賬

承認：＿＿＿＿＿＿＿　　　　作成：＿＿＿＿＿＿＿

設備名稱	管理號	機器編號	清潔週期	點檢週期	維護週期	點檢路線	點檢規格	備品

2. 編碼管理

登錄完畢後，根據設備類別編制管理號碼。設備管理號碼可按以下方式編定：

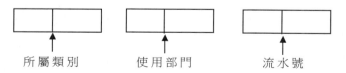

　　所屬類別　　　　　使用部門　　　　　流水號

3.台賬登記

將設備的相關資料（如名稱、規格型號、管理號等）登入管理台賬。

4.製作日常點檢、保養的指導書

為保證模具、刀具、冶工具的精度以及其開動率，確定並實施日常點檢項目、定期點檢項目、點檢頻率或維修頻率，並進行預防保養管理。

設備不能確認的項目，明確替代用品的確認位置或項目也可以：

⑴明確機械性應力弱點部份、易變化位置、不穩定位置，為預防發生不良，要對冶工具進行預防保養管理；

⑵定位銷、定位規→有無鬆動、變形；

⑶絲錐磨損狀態→實物樣本；

⑷設備的氣壓、油壓、油量→是否在規格範圍內；

⑸泵、傳送帶、機械手→運行是否順暢無異音。

①日常點檢指導書一般由各管理者作成，技術人員審查，部門經理承認後發行。

②制定點檢指導書時，一般應寫入以下項目：

使用區、使用機種、名稱、編號、分類、點檢週期、點檢流程、確認點等、使用器具、規格要求等。

3 機器設備的使用、點檢、保養

設備一般是指機器設備，它包括儀器設備、測量用具、夾具、工具等。

機器設備的管理分三個方面，即使用、點檢、保養。使用即根據機器設備的性能及操作要求來培養操作者，使其能夠正確操作使用設備進行生產，這是設備管理最基礎的內容。

點檢指使用前後根據一定標準對設備進行狀態及性能的確認，及早發現設備異常，防止設備非預期的使用，這是設備管理的關鍵。保養指根據設備特性，按照一定時間間隔對設備進行檢修、清潔、上油等，防止設備劣化。

1. 使用、點檢、保養之間的關係

表 10-4　使用、點檢、保養之間的關係

	內容	形式	發生時期	頻度
使用	培訓	使用說明書	設備使用前	到掌握為止
	試用	操作規範	工作崗位培訓	
點檢	檢查	點檢指導書	使用前後	定期或
	記錄	點檢記錄	規定的時間	不定期
保養	實施	保養制度保養說明書	規定的時間	定期
	記錄	保養記錄		

2.設備保養階段水準表

表 10-5　設備保養階段水準表

級別	階段水準	形式	基本方法
1	預防式	制度化定期維護保養	購入配件，設備萬一發生故障也有備件更換；誰都知道保養狀況，明白怎麼做
2	間歇式	偶爾維護保養	假期或工作不忙時才關注
3	緊急式	出現異常才處理	緊急應對，會造成生產停頓

3.點檢流程

點檢是指為了能準確評價設備的能用程度、磨損程度等情況而按一定週期進行的檢查。

外部點檢由認可的計量機關實施，有時也稱為「校正」。內部點檢由指定人員按點檢指導書進行點檢。簡單的日常點檢一般由操作者負責，複雜的則由管理者或專門人員負責。

(1)點檢週期

根據各設備的點檢項目表，分別按每日、每週、每月進行點檢。

點檢後將點檢結果記入點檢記錄表。在設備修復時或使用備品前必須按點檢指導書進行點檢並記錄。

(2)報告途徑

點檢記錄報告每月一次，具體要依據企業性質，或設備性質決定報告週期。途徑：點檢者→管理者→部門主管人員。

點檢記錄由各管理者保管，並根據各自企業的標準規定或重要程度確定保管期限。

4 設備保養

設備保養的目的主要在於維持設備良好的使用條件，並通過排除故障，防止劣化來達到提高設備使用壽命的目的。

設備保養的對象多指大型機器設備，因為其結構複雜，價格昂貴，所以比點檢分工更細，要求更高。根據組織分工的不同，設備保養一般可以分為 3 級（通常現場的管理者做到一級保養就可以了）。

表 10-6　設備保養

	一級保養（日常）	二級保養（定期）	三級保養（專門）
擔當人員	設備使用人員	設備管理部門的維護人員	專業人員
週期/頻率	每日、每週，或者使用前後	定期（每月、半年或者一年）	定期（一年、三年或者五年）
主要特點	保養難度小，通常作為日常的工作	技術和專業性較強，包括定期系統檢查和更換修復	專業性很強，需專用儀器設備才能實施的保養維修
主要內容	清潔、補給、潤滑、緊固和安全檢視	檢查、調整更換、修復	定期大修
相關制度	設備自主保養制度	設備巡檢制度	設備定期檢修制度、廠家定期檢修制度

5 發生不良時的處理方法

在日常點檢或使用中如發現不良，點檢者應記錄不良內容，並立即向上司報告。報告途徑：點檢者→班長→主管人員。

1. 對設備的處理

⑴如該設備有備品，則對備品點檢後使用備品替代。使用代替品之後，應對產品進行分別管理以便不良追查。例如記錄產品序列號。

⑵設備不良，可自行修復或排除故障的，由管理者處理，處理方法需得到主管人員的認可。

⑶對自己不能修復的設備，管理者應填寫「設備修理申請」，經主管人員認可後交相關部門處理（依據自做流程做即行）。

2. 對產品的處理

對使用了不合格設備生產出來的產品，我們必須重新評價其對品質的影響程度，並根據這個影響程度採取相應的措施，必要時通知品質部門，對庫存成品重新進行評價，防止品質事件的發生。這是非常重要的一點，很多現場人員只關注設備能否修好，對以前產品卻往往忘記處理，最後釀成品質事故。

表 10-7　設備不完好的對策

序號	項目	存在問題	採取對策
1	操作者方面	使用不當保養差	提高操作者對使用設備的認識，加強三級保養，實行設備點檢或設備運行記錄制度，進行保養百分制
2	維修工作方面	日常保養	1. 機械、電器分區域分工保養維護； 2. 對操作者、維修工進行業務培訓。
		潤滑	加強潤滑工責任感，堅持潤滑「五定」，提高潤滑業務水準。
		治漏	加強治漏工作，訂出治漏換油計劃
3	維修質量差	使用保養期內精度差	1. 由承修者返修，對存在問題進行分析，對症解決； 2. 檢驗人員把好修理質量關。
4	領導方面	維修工素質	對維修工進行必要的培訓和調整，使平均技術達到中級技術水準。
		設備管理	1. 加強現場管理工作，改進獎懲辦法； 2. 提高三級保養質量，嚴格按章辦事。

6 設備的目視管理

設備的管理除了建立系統的點檢保養制度外，還應對存入現場進行規劃、標識及目視管理，目視管理的設備管理是以能夠正確地、高效率地實施清掃、點檢、加油、緊固等日常保養工作為目的。

設備的目視管理要點：

1. 清楚明瞭地表示出應該進行維持保養的部位。

方法：顏色別加油標貼，管道、閥門的顏色別管理。

2. 能迅速發現發熱異常。

方法：在馬達、泵上使用溫度感應標貼或溫度感應油漆。

3. 是否正常供給、運轉清楚明瞭。

方法：在旁邊設置連通玻璃管、小飄帶、小風車。

4. 在各類蓋板的極小化、透明化上下功夫。

方法：特別是驅動部份，下功夫使得容易「看見」。

5. 標識出計量儀器類的正常/異常範圍、管理界限。

方法：用顏色表示出範圍（如：綠色表示正常範圍，紅色表示異常範圍）。

6. 設備是否按要求的性能、速度在運轉。

方法：揭示出應有週期、速度。

表 10-8　設備不良報告書

發行部門填寫	□日常點檢不良　　　　□使用中不良　　　□定期點檢不良 設備名稱：_____ 管理編號：_____ 設備型號：_____ 發行日期：_____ 不良內容：_____		
		確認	檢查	作成
技術部門填寫	使用不良設備產品的處置： 無影響 返工 設備處置與結果：		
配料欄：			
相關部門					
簽　　署					
日　　期					

7　設備的維護

設備故障的預防對策：

1. 基本作業的實施

①設備的清掃

②防止鬆動的對策

③注油

2. 遵守設備作用的條件

①設備操作方法的標準化

②安裝、配管、配線的標準化

③環境條件的整備

3. 劣化的發現和復原

①制定點檢和更換的基準

②日常點檢

③定期點檢

④分解、組裝的標準化

⑤設定預備品的保管基準

4. 弱點對策

①為使壽命延長而提高強度

②減輕操作時的應力

③不要超負荷運轉

5. 防止人為的操作不當

①防止操作失誤

②防止點檢失誤

③防止修理失誤

設備的維護（又稱保養）是指按照操作規程經常觀察設備運轉情況，及時地對設備進行清潔、潤滑、緊固、調整、防腐等工作的總稱。設備的維護保養工作，按其工作量大小和難易程度，一般可分為日常保養、一級保養、二級保養。由於設備的類別、生產技術特點和結構複雜程度等不同，企業的具體保養形式也不盡相同（有的可分為日保、一級保養、二級保養和三級保養）。

表 10-9　三種保養的區別

保養級別	保養時間	保養內容	保養人員
日常維護保養	每天的例行保養	班前班後認真檢查，擦拭設備各個零件和注油，發生故障及時予以排除，並做好交接班記錄	操作員工進行
一級保養	設備累計運轉 500 小時進行一次，保養停機時間約 8 小時	對設備進行局部解體，清洗檢查及定期維護	操作員工為主，維修員工輔助
二級保養（相當於小修）	設備累計運轉 2500 小時可進行一次，停機時間約為 32 小時	對設備進行部份解體、檢查和局部修理、全面清洗的一種計劃檢修工作	維修員工為主，操作員工參加

設備保養的主要目的是使設備經常保持整齊、清潔、潤滑、安全，以保證設備的使用性能和延長修理間隔期，而不是恢復設備的精度。

8 設備的潤滑

　　潤滑管理是設備管理和維修工作中的一個重要組成部份。正確地潤滑工作可以減少機件磨損，延長設備使用壽命和修理間隔期，減少停機時間，降低動能消耗，使設備處於正常運轉的良好狀態，確保生產順利進行。

1. 何謂潤滑

　　潤滑是把一種具有潤滑性能的物質加到設備機體摩擦面上，使摩擦面脫離直接接觸，從而降低摩擦和減少摩擦。

2. 潤滑的作用

⑴保證設備正常運轉，防止因潤滑不良而發生設備事故。

⑵減少機件磨損，延長設備使用壽命。

⑶改善磨擦條件，減少磨擦阻力，降低動能消耗，節約能源，降低維修費用。

⑷保持設備精度的穩定性，提高工作效率和加工精度。

3. 潤滑工作的「五定」管理

　　設備潤滑工作的「五定」是企業潤滑技術管理工作的一項主要內容。

⑴定點。確定每台設備的潤滑點。

⑵定質。正確選用油品，確保油品質量，潤滑裝置和容器必須清潔。

⑶定量。在確保設備良好潤滑的基礎上實行定量消耗。

⑷定期。按要求的時間定期加油。

⑸定人。規定每台設備潤滑部份的責任者。

9 設備的修理

設備的修理是修復由於正常或不正常的原因而造成的設備損壞和精度劣化，通過修理，更換已經磨損、老化、腐蝕的零件，使設備性能得以恢復，其實質是設備物質磨損的補償。

1. 維修的分類

⑴按修理的目的和規模區分

按修理的目的和規模可分為：小修、中修和大修三種。

小修是更換和修復少量的磨損零件，局部調整設備、費用較少、工作量較小的局部修理。中修是更換和修復設備的主要零件和數量較多的易損零件，並校正設備的基準，以保證設備恢復和達到規定的技術要求。大修是把設備全部拆卸、更新和修復全部磨損零件，校正和調整整個設備，費用最多、工作量最大的全面修理。

⑵按其故障與修理之間的關係區分

按其故障與修理之間的關係可分為：事後修理和預防性計劃修理兩種。

事後修理是指對設備故障進行的修理。對設備技術不複雜，故障發生後對設備進行修理對生產影響不大，實行計劃預防修理在經濟上不划算的設備，可以採用事後修理。事後修理根據設備的故障情況決定設備修理的級別和工作量。

預防性計劃修理是指根據設備日常檢查、定期檢查(包括應用設

備故障診斷技術）得到的設備技術狀態資訊，在設備發生故障前安排的計劃修理。

2.修理的方法

(1)零件修理法

零件修理法就是事先準備好一些同類零件，在修理時用該零件替換已損壞的零件，替換下來的零件修理後備用。這種方法可以縮短設備的停歇時間，一般適用於同類型設備較多的情況。

(2)分步修理法

分步修理法是按照一定順序分別對設備各個獨立部份分期進行修理。其優點是修理工作可以利用非生產時間進行，提高設備利用率。一般適用於結構上具有相對獨立性、生產任務繁重、修理時間較長的設備。

(3)同步修理法

同步修理法是將生產過程中在技術上有緊密聯繫的設備，儘量安排在同一時間進行修理，實現修理同期化。這種方法適合於流水線、自動線上的設備，以及某些聯動設備的主機、輔機及配套設備的修理。

心得欄 -

- -

- -

- -

- -

- -

10 設備管理的改善案例

機械加工廠的組長，到任後因每天都發生機械故障，為此感到非常頭痛，該組因此不能按計劃提高生產率，這既不是作業者不努力，也不是材料、物品欠缺，而是因機械故障所至。這點大家都知道，但是至今為止也沒有採取任何手段去排除故障。於是組長請來現場的監督者問明情況，監督者說出了各種各樣的理由：

(1)機械發生故障時，既有作業者能修好的故障，也有作業者修不了的故障，對這類的故障能發現原因和能修理的人太少了。

(2)機械一發生故障就叫廠家來修，而使用不當的問題就束之高閣不問了，而廠家也不一定當天就來，這期間的生產就要停下來，造成產量上不去。

(3)作業者在使用的過程中也有修好的，也有勉強使用的，說不定某日就突然成了大故障。

生產主管瞭解到機械發生故障的原因有以下幾點：

(1)沒有教給作業者正確的操作方法；

(2)沒有建立機械保全管理的組織；

(3)保養者不足又沒有培養的計劃。

不解決以上的問題，對設備管理的組織化就無法進行，於是生產主管向廠長建議設立設備管理的組織和對作業者進行教育、培訓，該廠向各組長發出了如下通告：

1. 設備保養進行得不順利的原因

(1)日常點檢的項目太多。

(2)作業者不知點檢不充分時會產生負效應。

(3)現場的監督者指導力不足。

2. 順利進行點檢保養的方法

(1)修改點檢項目，點檢時要用點檢表，從以下幾點著手修改，力求簡潔。

①留下無論如何都要做的項目。

②把一週 1 次點檢就可以的項目從每日檢項中除去。

③若有專業的保養員，就不要作業員進行日常的點檢。

(2)把要記錄的點檢和不要記錄的點檢加以區別進行，對記錄作業要求簡單。

(3)普通的作業者限制在作業時間內實施點檢項目。

(4)強化監督者的指導力，使作業員按指示進行點檢、保養。

(5)注意設備故障的傾向性，根據點檢實施頻率和設備故障的發生頻率修改保養方法。

心得欄 ------------------------------

第 十 一 章

生產現場的工具管理

1 生產工具的特點

工具管理是指有關工具的計劃供應、保管、刀刃磨新等一系列工作的總稱。做好工具管理工作，對提高產品的產量和質量，具有如下重要的意義：

1. 工具主要分為集體保管使用、個人保管使用和專門保管使用三個類型。無論那個類型，生產主管作為領導者，都有權力和責任監督檢查其使用的正確性和保存的完好性，因為工具是保證班組順利完成生產任務、保證產品質量和安全生產的重要條件。

2. 工具不同於材料，它本身就是一種經加工製造完成的產品。如果使用不當，造成損壞，不但影響生產進度，還會造成經濟上的損失。

3. 工具是需要在一定的時間和過程中反覆多次使用的物品。使用方法、使用時間、保管質量等都會影響工具的使用壽命，因此，工具不同於一般的其他消耗物品。

4. 工具是用來完成生產任務的，是產品預算造價的一部份，因此，它佔用企業資金，使其不能在其他方面發揮作用。所以工具又不同於固定資產，不同於設備。

5. 工具的優劣直接影響產品質量和工作效率，是生產作業必不可少的，不同於其他材料。

6. 有了好的工具會省工、省力、省時，會保證產品的質量，保證安全。

2 工具管理的基本內容

工具管理的主要內容是：貫徹執行企業工具管理有關制度；控制工具消耗與儲備定額、工具計劃的編制與檢查；工具的使用、維護和保養。擔負工具管理的庫房小組還要參與工具的訂購、翻新、發放、編制使用說明書等項工作。

通過工具管理，要保證向生產工作崗位供給優質、高效、低成本的成套工具，為提高產品質量，增加經濟效益打下基礎。

工具管理的基本內容有以下幾個方面：

1. 準確編制計劃

即根據生產使用需要，提前制訂工具需求計劃，進行協調。

2. 建立工具使用檔案

(1) 分類編號

即根據工具在生產中的作用和技術特徵，用「十進位」法，把工具分成類、種、組、項、型：把所有工具分成十類，每類分成十種，

每種分為十組，每組分為十項，每項分為十型。工具的編號是在工具分類基礎上進行的，工具的編號方法很多，有十進位法、字母法、綜合法等。

(2)註冊登記

工具不論是個人使用、集體使用、工具室借用(專用工具、工裝)，都應該建立帳目，為生產作好準備。生產主管應瞭解組內工具情況，在接收任務時，做到心中有效。

3. 保證及時供應

即做好工具訂貨工作，及時供應。屬於需要企業自行製造的工具，要及時自製，以免耽誤生產。

3 日常的工具管理方法

加強日常工具管理，有利於降低工具消耗，保持各類工具的良好技術狀態。日常工具管理方法，主要涉及通用工具管理、專用工具管理、工具在工位上的管理方面。

1. 通用工具的管理

對通用工具的具體管理包括：

⑴按規定手續進行工具的領用和借用；

⑵做到工具的合理保管；

⑶做到工具的合理使用，即一切工具都必須按其性能和技術規範進行使用；

⑷建立工具的報廢報損和丟失的處理制度；

⑸做好工具事故的處理工作；

⑹對工具節約和工具改進給予獎勵。

2.專用工具的管理

專用工具是用來加工某種特種零件的工具，其管理方法基本上和通用工具的管理方法相同。專用工具一般由企業自行設計、製造。首次製造的專用工具，使用前必須經過技術驗證合格，由品質管制部門發給工裝產品合格證。在使用中發現的問題，要向上級報告，以便進一步修正。不同的專用工具，有特殊的管理要求，班組要按其特性的要求進行管理。

心得欄

第 十 二 章

生產現場的安全管理

1 生產主管的安全職責

在生產過程中要真正做到「管生產必須管安全」，就必須明確生產主管的安全職責和安全生產責任，它是企業安全生產的保證措施，是安全生產工作的核心。

生產主管是生產的直接指揮者，是安全生產工作第一責任人。生產主管的安全職責主要是發動每個成員認真學習、貫徹、執行上級頒佈的有關安全生產規定，更重要的是要以身作則，起模範帶頭作用，在整個生產過程中嚴格執行各項規定制度，不違章、不違紀，做好安全管理工作。安全職責具體如下：

1. 是安全第一責任人，對本班組成員在生產工作過程中的安全負責，對所管轄設備的安全運行負責。應認真貫徹執行安全生產法律、法規，以及本企業和本工廠的各項安全生產規章制度，並做到以身作則，模範地遵守。

　　生產主管應熟悉工廠安全工作規程、現場技術規程；熟悉本班組分工管轄設備的結構原理和系統的圖紙、技術資料，工作的技術要求和質量標準；掌握本班組分工管轄範圍內的設備系統和工作的安全特點與特殊安全要求；掌握班組成員的動態、技術業務能力和特點、安全意識水準和對安全生產的態度。

　　2. 管生產必須管安全的原則。生產主管在計劃、佈置、檢查、總結、評比工作的同時，要有安全的內容。嚴格實行安全否決權，凡有違章違紀行為和造成事故的，均不得參加評先進、評優、晉升和晉級。

　　3. 做好班組安全生產教育。一是經常性地學習有關安全生產規章制度和工作崗位操作規程。新員工考試不合格和特種作業人員未取得安全培訓合格證，生產主管有權不予安排上崗。

　　4. 做好班組安全檢查。經常深入生產現場檢查，維修好安全設施，做到工具、設備無隱患，安全保護裝備齊全、靈敏可靠，督促班組成員正確穿戴好個人防護用品，糾正違章作業現象，及時消除不安全的因素，防止事故的發生。

　　5. 開好班前班後安全會。安全管理工作是否做得好，班前班後安全會開得成功與否是一個標誌。在計劃、佈置、檢查、總結、評比工作的同時，必須有安全的內容。要達到這一要求，生產主管首先要對每天的安全隱患情況心中有數，認真做好交接班。

　　生產主管應至少提前半個小時進入生產現場，用「二看」（看現場、看記錄），「二聽」（聽上一班生產主管交班情況，聽員工談生產、談安全、談問題），「二問」（問是否有反常情況、自己班該注意什麼）的方法，對安全生產情況心中有數，也只有這樣才能達到要求，在計劃、佈置生產任務的同時，交隱患、交安全措施。做好班前「三交」（交任務、交安全、交措施）和班後「三評」（評任務完成情況、評工作中安全情況、評安全措施執行情況）。

6. 開展好本班組的定期安全檢查、「安全生產水準」等活動，抓好安全評價、預防和預測工作，落實上級和本企業、本工廠下達的防範事故措施。

7. 加強班組安全管理基礎工作，各種會議活動記錄、事故隱患記錄、台帳完整齊全。

8. 認真落實安全生產責任制，積極推行安全目標管理、承包等方法管理安全，做到安全指標層層分析。

9. 在生產過程中，發現自己不能解決的安全問題，應及時報告。由於權力有限，對於有些違反安全生產的事無法制止時，就要及時報告上一級主管或更高一層主管。

10. 支持安全人員履行自己的職責，對本單位發生的異常、障礙、未遂及事故要認真按原則處理，事故原因不清楚不放過，事故責任者和應受教育者沒有受到教育不放過，沒有採取防範措施不放過，及時登記上報，保護好事故現象，並組織分析原因，總結教訓，落實改進措施。

由於重視進度、忽視安全和技術質量，無故拖延或拒絕執行上級指示而造成後果，本人違章指揮，對重覆發生各類異常以及不安全事件，或班內安全工作無人過問而發生各類異常以及不安全事件，生產主管應負直接領導責任。

要不斷提高全體作業人員的安全意識和技術技能，樹立安全觀念，提高認識，提高素質，要圍繞安全生產總要求和總目標，制定完善的保證措施，落實各項工作，確保總體目標的實現，逐步實現安全管理制度化、規範化、標準化。安全管理的基本內容，包括建立健全班組安全生產的各項規章制度、開展安全檢查、進行安全教育，通過開展各項活動提高安全管理的水準。

2 針對員工的安全教育

　　企業必須對員工進行安全教育，它是生產人員培訓的重要內容，也是安全管理的重要內容。

　　開展安全教育，能提高員工安全生產的責任感和自覺性。安全教育與訓練的目的，使每一個成員掌握基本的安全與衛生知識，提高每一個成員的安全意識和技能，掌握工作安全衛生工作的客觀規律，提高安全技術操作水準，學會消除工傷事故和預防職業病的本領，為安全生產、提高工作生產率，創造良好的條件。

　　安全知識是保留在操作者頭腦中的靜態記憶，而安全意識和技能則是在外界刺激下表現出來的實際行動，安全意識和技能要經過反覆的教育與訓練才能具備，因此要經常對成員進行安全教育與訓練。

3 生產主管的日常安全檢查

　　安全檢查是日常安全工作的重要部份，是動員安全工作的有效方法，是發現日常生產中不安全隱患的一個重要辦法。

　　安全檢查是項專業性、技術性較強又非常細緻的工作，切忌形式主義走過場。對查出的問題要貫徹「邊檢查、邊整改」的原則，一般問題應立即整改，限期、定專人解決。

1.安全檢查的形式

安全檢查的形式很多，採用形式是一班三檢、節日前後的安全檢查，季節性安全檢查，定期安全檢查等。

(1)員工自查

每天上崗前，生產部全體人員應對作業環境、設備的安全防護裝置、信號、潤滑系統、工具及個人防護用品穿戴進行全面檢查，確認符合安全要求後，方可開始工作。

(2)一班三檢

指班前、班中、班後的檢查。

(3)節日前後安全檢查

主要保證節日期間的安全，查作業人員的工作紀律，查重點部位防火，查生產作業現場的安全隱患。

(4)季節性安全檢查

是依照季節氣候變化的特點，為保障安全生產的特殊要求所進行的檢查。如暑季來臨之前進行的防暑檢查，冬季之前進行的防寒保溫檢查，暑季來臨之前的防汛安全檢查等。

在檢查內容上應預防容易發生的事故為重點，還要檢查措施的落實和專項工作責任的落實，防止災害事故的發生。

(5)定期安全檢查

核心人員定期要對本單位安全生產狀況進行檢查。檢查前應做好準備工作：如確定檢查時間；確定檢查範圍、對象和標準；制定檢查方法和檢查出問題的處理辦法，即以何種形式向誰反映、誰負責進行整改、誰負責進行監督等。

定期檢查的內容應具有綜合性，即安全管理和現場檢查，包括主管、規章制度、生產環境、事故隱患、保護用品及嚴肅處理事故等。做到檢查與總結經驗相結合，檢查與競賽評比相結合，檢查與獎勵相

結合,檢查與整改相結合。

對安全檢查中查出的問題,要切實做到修正,即對不安全因素的整改要做到定人員、定措施、定時間;落實整改任務時做到個人能解決的不推給班組,班組能解決的不推給工廠,工廠能解決的不推給廠部,本廠能解決的不推給上級部門。對一時解決不了的問題,要採取臨時安全措施。

安全檢查可以配合廠級、工廠的安全檢查進行,也可以獨立進行。無論採取那種形式,最好使用安全檢查表,建立安全檢查檔案。

2. 檢查後的處理

每次檢查都會發現事故隱患,對這些隱患一定要分類解決,採取不同的方法及時處理。凡是能夠解決的應立即解決。凡是具有事故危險的隱患,不能整改的,應立即向上反映,協助並監督上級做好隱患整改工作。

凡是危險隱患比較嚴重、不儘快解決就有可能發生重大傷亡事故,但由於各種客觀困難,不能立即解決的,必須採取應急措施,同時協助上級研究整改方案,落實項目、設備、材料、人力、執行者等,確保按期完成。

3. 安全檢查表

進行安全檢查時,應使用安全檢查表。安全檢查表是為了發現工廠、工序或機器設備、裝置以及各種操作管理和措施中的不安全因素,事先把檢查對象加以剖析,把大系統分割成小的子系統,以提問的方式,按順序編制成表,用安全檢查表可以避免漏檢,及時查出不安全因素。

安全檢查表可以做到系統化、完整化、不漏掉任何能夠導致危險的關鍵因素,克服了檢查的盲目性,起到了改進檢查質量的效果;可以根據已有的規章制度、規程、標準等,檢查遵守的情況,得出準確

的評價；可以和安全生產責任制相結合，易於分清責任；可以採用不同的檢查表，對不同的檢查內容進行檢查。

安全檢查表是一種定性的檢查方法，是建立在原有安全檢查基礎上的，採用提問的方式，使人印象深刻，簡明易懂，容易掌握，還可起到安全教育的作用。

安全檢查表的內容：列舉需查明的所有能導致工傷或事故的不安全狀態和行為，採用提問方式，並以「是」或「否」來確定；在每個問題後面也可以設改進措施欄，每個檢查表均需註明檢查時間、檢查者、直接負責人等，以便分清責任。

專業性安全檢查表由專業機構或職能部門編制和使用，主要用於進行定期的安全檢查或季節性檢查，如對電氣設備、壓力容器、特殊裝置、特種設備與設施等的專業檢查。工段及工作崗位安全檢查表是供工段及工作崗位進行自查、互查或進行安全教育用的，主要集中在防止誤操作引起的事故和隱患控制項目方面，其內容應根據工作崗位的技術與設備的預防事故控制要點確定，要求內容具體、易行。為使編制的檢查表切合實際，應採取專職安全管理人員、專業技術人員和員工三結合的方式編寫，而且在檢驗下不斷修改，使之日趨完善，經過相當時間之後，這類檢查表便可以標準化。

4 生產主管的安全日活動

　　生產主管在安全活動日前要作好充分準備。安全日活動內容要充分、聯繫實際、形式多樣、講求實效，切忌流於形式，每次活動均應有所側重、有所收穫。

　　安全日活動是安全管理工作的一項重要內容，是開展安全分析的基本形式；不僅是學習有關安全生產、工作保護各種法律法規、加強法制觀念、增強責任感、提高員工安全生產自覺性和自我保護意識教育的好機會，更是培養員工遵紀守法，相互交流安全工作經驗，提高安全意識的極好教育形式。

1. 安全日活動內容

　　⑴學習企業安全文件、事故報表、快報、安全簡報，聯繫班組實際，提出防範措施。

　　⑵學習本企業安全規章制度。

　　⑶一週來的安全狀況分析、講評、總結，下週安全工作要求和安排，認真貫徹。

　　⑷每月對年度安全目標進行對照檢查，提出存在問題、整改要求，開展月度安全分析評價工作、事故預想、安全技術知識考核等工作。

　　⑸佈置落實安全大檢查工作和專項安全檢查工作。

　　⑹管轄的安全工器具的試驗檢查。

　　⑺管轄的設備（機具）及現場設備檢查後的分析和研究。

　　⑻安全工作臺帳的檢查整理等。

2.安全日活動要求

⑴在學習內容上，必須做到認真、完全、徹底，不能馬虎從事。

⑵人員均應全部參加，認真作好活動記錄。如有制度應記錄在案（應註明缺席原因），缺席人員應及時補課。

⑶學習內容必須聯繫對照本班組實際，有針對性地提出問題、找出差距、佈置整改，把其他單位、工廠、班組或個人發生的異常、事故情況當作自己的問題來對待檢查。

⑷工廠及上級主管、安監人員應定期到班組參加安全日活動，瞭解、指導安全工作，並將參加人員記入活動記錄簿的名單中。

⑸每個人應做到聯繫自己、積極發言，記錄認真齊全、字跡清楚，由生產主管簽字後交工廠安全員。

心得欄

第 十 三 章

生產現場的 5S 管理

1 5S 是什麼

5S 活動是指對生產現場各生產要素（主要是物的要素）所處狀態不斷地進行整理、整頓、清潔、清掃和提高素養的活動。由於整理、整頓、清潔、清掃和素養這五個詞日語中羅馬拼音的第一個字母都是「S」，所以簡稱為「5S」。5S 活動在日本的企業中廣泛實行，是日本製造業成功的法寶之一。

5S 活動在企業推行，開始是開展「3S」活動，以後內容逐步充實，改為「4S」，最後增加為「5S」。不僅內容增加和豐富了，而且按照生產各項活動的內在聯繫和逐步地由淺入深的要求，把各項活動系統化和流程化了。

根據企業進一步發展的需要，有的公司在原來「5S」的基礎上又增加了節約（Save）及安全（Safety）這兩個要素，形成了「7S」；也有的企業加上習慣化（Shukanka）、服務（Service）及堅持（Shikoku），

形成了「10S」。但是萬變不離其宗,所謂「6S」、「10S」、「7S」都是從「5S」衍生出來的。

「5S」指的是在生產現場,對材料、設備和人員等生產要素開展相應的整理、整頓、清掃、清潔和提高員工素養等活動,為其他管理活動奠定良好的基礎。它是日本迅猛提高行銷全球的成功之處。整理、整頓、清掃、清潔和素養用日語外來詞匯的羅馬文拼寫時,其第一個開頭的字母均為「S」,故簡稱「5S」管理,其改善對象及目標如表 13-1 所示。

表 13-1　5S 改善對象及目標

實施項目	改善對象	目　　標
整理	空間	清爽的工作環境
整頓	時間	一目了然的工作場所
清掃	設備	高效率、高品質的工作場所
清潔	亂源	衛生、明亮的工作場所
素養	紀律	全員參與、自覺行動的習慣

1. 整理

工作現場,區別要與不要的東西,只保留有用的東西,撤除沒用的東西;

2. 整頓

把要用的東西,按規定位置擺放整齊,並進行標識與管理;

3. 清掃

將不需要的東西清除掉,保持工作現場無垃圾、無污穢狀態;

4. 清潔

維持以上整理、整頓、清掃後的局面,使工作人員覺得整潔;

5. 提高員工素養

通過進行上述 4S 的活動，讓每個員工都自覺遵守各項規章，具有良好的素養(5S)，做到「以廠為家、以廠為榮」。

2 推行 5S 的理由

1. 推行 5S 的理由

「5S」推行不良，會產生下列不良後果。

⑴影響員工的工作情緒；

⑵造成職業傷害，發生各種安全事故：

⑶降低設備的精確度及使用壽命；

⑷由於標識不清而造成誤用；

⑸影響工作和產品品質。

2. 推行 5S 管理的目的

⑴員工作業出錯機會減少，不良品下降，品質上升；

⑵提高士氣；

⑶避免不必要的等待和查找，提高了工作效率：

⑷資源得以合理配置和使用，減少浪費；

⑸整潔的作業環境給客戶留下深刻印象，提高公司整體形象；

⑹通道暢通無阻，各種標識清楚醒目，人身安全有保障；

⑺為其他管理活動的順利開展打下基礎。

3. 工廠推行 5S 的作用

5S 活動是企業現場管理的基石，其作用為：

(1)提高效率

良好的環境、氣氛及人際關係，會有助於員工提高工作熱情，精力集中，使工作效率提高。

良好的工作環境將要求有序而嚴謹的工作方式，物品擺放有序，也會使工作效率提高。

(2)保證質量

工作環境的整潔將會減少工作過程（如製造、檢驗）中的誤差，從而減少不合格的發生。

(3)保證安全

有序、整潔的環境可有效防止意外事故的發生；

良好的習慣是防止事故、提高安全性的首要因素。

(4)預防為主

養成良好習慣是防止失誤的關鍵；

及時的整理、整頓是預先消除隱患的有效措施。

3 5S 活動的要求

----

1. 整理

(1)區分必要和不必要的東西，不必要的東西要清除；

(2)條理清楚，決策果斷，不要的東西要清除；

(3)根據必要程度分層管理；

(4)要能防止汙物的產生；

(5)不要的東西要清理，對汙物源採取對策，杜絕其根源，加以改

善並實行制度化。

2.整頓

⑴為了使必要的東西在必要的時候能方便應用，所以事先就要規定正確旋轉方位和佈局；

⑵整潔、舒暢的工作現場；

⑶有使用功能（質量、效率、安全）的裝置，安放的方位和佈局要合理；

⑷減少「找東西」的時間，提高效率；

⑸包括 5W1H（5W：誰、什麼、為什麼、什麼地點、什麼時間；1H：怎麼樣）；

⑹拿出、拿進和訓練與比賽；

⑺整潔、舒暢的工作現場和設備；

⑻排除「找東西」的時間。

3.清潔

⑴徹底、反覆地進行管理、整頓和清掃，全面保持清潔；

⑵用制定管理標準來維持，採用一目了然的管理方法；

⑶設法貫徹一目了然的管理；

⑷早發現異常，早採取措施；

⑸維護管理員工（手冊化、日曆化）；

⑹色彩管理。

4.清掃

⑴清掃灰塵、汙物、異物，使工作現場整潔舒暢；

⑵清掃和儀器、設備日常檢查一樣重要；

⑶與功能和要求相符的清潔化中，實現無灰塵；

⑷由於清掃和日常檢查，輕微缺陷排隊；

⑸功能部位清掃；

⑹清掃效率化的改善；

⑺設備、工卡模具的清掃是日常檢查。

5.素養

⑴遵紀守法，遵守各項規章制度和擊落，並養成自覺行動的良好習慣；

⑵創造一個全員參加，養成良好習慣，遵守各項規章、制度、規範的工作現場；

⑶口頭傳授與訓練；

⑷每個人各自的責任；

⑸養成各種良好習慣的活動。

4 5S 活動的推進方法

儘管無論誰都認為「5S」是非常易做到的事情，但是要持續地進行，卻是非常不容易成功的。

首先，必需是參加 5S 活動。在此基礎上，為保證 5S 活動接續下去，還要製作行動計劃，見圖 13-1。

下面介紹製作計劃的方法，請讀者把這些成功的例子應用於生產現場，再根據本公司的獨自特點加以活用。

1.實施計劃

推進方法基本點是：如何去建立「5S」的推進組織。「5S」是經營者、管理者、監督者結為一體，按實施計劃的方式，由全員參加的推進體制才是基本點。

圖 13-1　5S 行動計劃圖

$$
5S 推進方法 \begin{cases} 實施計劃 \\ 巡視 \\ 5S 活動時間 \\ 5S 的支持體制 \\ 5S 的題目 \\ 活用目視管理 \end{cases}
$$

2.巡視

從 5S 開始之日起，都說下決心進行 5S，絕對不能退回到以往的狀態，儘管如此，各作業者總會以工作忙為由，有退回到以前雜亂狀態的傾向。

3. 5S 活動時間

要把 5S 作為工作的一環，在生產現場一週幾次把在工作開始之前的 10 分鐘定為由全體員工參加的 5S 時間，全員對自己週圍的場所進行徹底的清掃、清理、整頓。

4. 5S 的支持體制

無論怎麼說，「5S」的中心都是作業者本身，大家的智慧和敬業精神不一致就不會成功。為此，確立以實施組織為中心的 5S 的支持體制。

5.「5S」的題目

對「5S」的推進，應以現場為單位設定具體的題目。例如：機械加工現場的油污，組裝現場的尋找組裝工具的無效（浪費）時間等都是具體的題目，靠大家下功夫去做。

6.活用目視管理

在「5S」的推進中，無論誰一看就容易明白的，用眼睛看的管理是不可欠缺的，用眼睛看的管理是實施「5S」的關鍵所在。

表 13-2 5S 的推行內容

	概 要	目 的	活 動
整理	· 發生源對策 · 層別管理	· 沒有無用品、多餘物品 · 盡可能減少半成品的庫存數量 · 減少架子、箱、盒等	· 清除無用品,採取發生源對策 · 明確原則,大膽果斷清除無用物品 · 防止污染源的發生 · 推進文件編排系統 · 空間的確保和擴大
整頓	· 有效、整齊地保管物品	· 做到必要時能立即取出需要的物品 · 決定正確的存放佈局,以便充分利用空間場所 · 提高工作效率的同時創造安全的工作環境	· 高功能的保管和佈局 · 創造整潔的工作環境 · 創造高功能的(質量、效率、安全)物品存放方法和佈局 · 徹底進行定點存放管理 · 減少尋找物品的時間
清掃	· 清掃、點檢 · 環境的淨化	· 為維護機械設備的精度,減少故障的發生 · 創造清潔的工作場所 · 形成能早期發現設備、環境的不完備,及時採取措施的體制	· 通過高功能要求的清潔化,實現無垃圾、無污垢 · 維持設備的高效率,提高產品質量 · 強化對發生源的處置對策
清潔	· 「一目了然」的管理 · 標準化	· 創造舒適的工作環境 · 持續徹底地整理、整頓、清掃,以保障安全、衛生	· 強化公用設施的維護和管理 · 努力使異常現象明顯化並通過觀察進行管理
修養	· 培養良好的習慣 · 創造有規律的工作環境	· 創造能博得客戶信賴的關係	· 創造紀律良好的工作場所 · 培養各種良好的禮節 · 養成遵守集體決定事項的習慣

5　5S 檢查重點

1. 櫃子裏有無不要用的資料？
（櫃子有無不要文件、圖紙等資料？）

2. 私人用桌有無不用的東西？
（私人用桌子、抽屜裏有無不用東西？）

3. 是否完全瞭解不要的是那些東西？
（一看應知道不要的物品？）

4. 有無不要的規定標準？
（對文件和物品有無規定處理的標準？）

5. 展出品是否整理好？
（期間內展品有無汙跡、放置如何？）

6. 櫃架或備用品的放置場地有無註明？
（有無掛牌註明場所或地點？）

7. 文件或備用品的品名是否註明？
（品名的註明是否一看就清楚？）

8. 文件或備用品是否用之方便？
（是否按照用之方便的方法處置？）

9. 文件或備用品是否放置好？
（是否放置在指定的場地？）

10. 通道或展出品是特派員一目了然？
（已畫線或說明牌是否清楚？）

11. 地面上有無垃圾廢紙？

（地面上是否始終保持清潔？）

12. 窗戶或櫃架上有無灰塵？

（玻璃也要看一看是否乾淨？）

13. 有無分工負責清掃制度？

（是輪班制或分工制的？）

14. 垃圾箱是否已滿？

（有無規定垃圾或廢紙的制度、要求？）

15. 清潔是否習慣了？

（清掃和抹試是否都習慣？）

16. 排氣和換氣的情況如何？

（有無煙味或胸悶感覺？）

17. 光線足夠了？

（角度亮度是否都感到明亮？）

18. 工作服務是否乾淨？

（是否穿髒的工作服上班？）

19. 進房間時是否感到新鮮、舒暢？

（室內的配色、光線是否柔和，空氣是否新鮮？）

20. 有無遵守 3S 的制度？

（遵守保持整理、整頓、清掃的情況如何？）

21. 是否穿規定的服裝？

（服裝是否穿得整齊？）

22. 會不會講早晚的打招呼用語？

（走路相遇時有無打招呼用語？）

23. 有無遵守開會和休息時間？

（有無遵守應按規定時間辦事？）

24.對電話或待人應酬的感覺如何？

（會不會把事情講清楚？）

25.對規定制度的遵守情況如何？

（是否每個人都自覺遵守？）

26.有無不用的材料及配料？

（庫存的和正在做的有無不用的？）

27.有無不用的設備和機構？

（檢查不用的設備和機械？）

28.有無要不要用的標準？

（有無扔掉的物品標準？）

29.是否已做好註明地點、場所？

（有無掛牌註明場所或地點？）

30.是否已做好註明品種、品名？

（貨架及物品有無註明品種名稱？）

31.有無註明數量？

（有無「存量」、「最少存量」的牌子？）

32.通道和半成品堆放處有無畫線？

（有無用白綠線劃分清？）

33.有無用之方便，退滯更方便方法？

（修理用具等的合理放置如何？）

（編輯者註）有關 5S 管理，請參考本公司出版的暢銷圖書：《如何推動 5S 管理（第 5 版）》。

第 十 四 章

生產現場的目視管理

1 生產現場目視管理的意義

目視管理是涉及工廠整體管理的最有效的實施手法。從製造現場到辦公室，從經營者到第一線的作業者，全體員工都能通過眼睛看就能瞭解現在工廠的生產狀況如何，各部門為提高生產效率應該如何去做等，是為進行工廠運作最為行之有效的管理手法。

目視管理使得在工作現場所發生的許多問題都成為全體員工共有了。為儘快地採取行動解決問題，先要營造出尋找問題和異常活動的气氛，使工作現場活性化。

1. 沒有目視管理會發生怎樣的問題

沒有進行目視管理的工作現場，會以維持現狀、事後追蹤管理為中心，對在工作現場發生的各種各樣的問題，處理速度上有過慢的傾向。還有以下問題也可能發生：

(1)工作現場的活動方針和目標不能為全體作業人員共有。

(2)共同努力的目標不清楚，在工作現場感覺不到生氣。

(3)即使發生了故障、異常，相互之間也難以迅速採取適當的協助體制。

(4)公司內部發生了問題，資訊在內部難以相互傳送。

(5)在工作上總感到難以在整體情況上進行交流。

2.進行目視管理會有什麼樣的效果

導入目視管理可期待取得以下的效果，為使期待的效果出現，其前提條件就是公司全體員工連續不斷地努力。

圖 14-1　目視管理的效果

①生產效率的提高	⑤提高事務處理的效率
②降低成本	⑥提高管理、監督者的能力
③提高公司內部的情報交流	⑦徹底地進行預防性管理
④提高作業效率	⑧提高品質

(最終　目的)

確立人際關係良好、有幹勁地、
能愉快地進行工作的作業現場

心得欄 ----------------------------

----

2 目視管理的內容

目視管理以生產現場的人、機、料、法、環等要素為對象，它貫穿於生產系統的全過程、各個環節。因此，目視管理的內容應突出連貫性、完整性，此外，由於班組管理內容不完全相同，因此在具體確定目視管理的內容時，應有所區別，有所側重，要以實用性為前提。

1.目標管理內容的公佈

生產現場管理的重要目的，就是提高工作生產率。目標管理必須作為目視管理的主要內容。目標管理由工廠目標管理層層展開、層層分解、層層落實而來，用圖表展示，即工廠——班組——工作崗位——個人各項工作的展開分解。在這裏最重要的是按期公佈（按日、旬、月）實際完成情況，並用比較醒目的色彩、圖表、激勵性的語句顯示各項計劃任務完成過程中出現的事蹟、優秀人物，以及遇到的困難，以激勵人們完成整體任務而自覺地工作，積極地工作。

2.規章制度和工作崗位責任的公佈

公佈生產中的規章制度、工作崗位標準、作業規程、定額標準也是目視管理的主要內容，這些內容應盡可能佈置在操作者的週圍，以造成一個正常的生產環境。

規章制度是指本作業區、本工作崗位的規章制度，不是指人人都應遵守的廠紀廠規。工作崗位標準是指每一特定工作崗位的明確標準。作業規程一般是指關鍵零件生產的作業點、質量控制點的操作步驟，規定該這樣做，不允許那樣做，語句需正確、肯定不囉嗦含糊。至於為什麼該這樣做，不允許那樣做的理由及後果，不應在規程中出

現，這些內容應在培訓中講清。工作崗位責任制一般不需全文公佈，正確的做法是把其中的重要內容、主要項目（產量、質量、品種、消耗）等歸納後展示在工作崗位上，使生產者時時目視，以牢記自己的工作崗位職責、工作崗位紀律。

對於一些比較重要的操作流程圖、技術卡片，如確有必要也可展示，但需考慮佈置整潔、美觀、不雜亂無章。

3. 定置管理中定置圖的公佈

在定置平面佈置圖中，各種區域的標誌線、標誌牌和彩色標誌必須正確無誤地在適宜的位置上表示出來，目視管理在這裏成為定置管理不可缺少的有效手段，它按定置管理設計要求，採用醒目、標準化的資訊符號將各種區域、通道、器具位置標示出來。

4. 安全生產管理中警告顯示

安全生產是保證生產秩序順利進行的重要措施，生產現場如沒有安全的保證，就談不上產量與質量。

目視管理在安全生產中有著「預防為主」的積極作用，用警告性的標牌、色彩、指示燈、電視告知現場操作人員：為了安全生產那些該做，那些不該做；如何操作才符合安全操作規則等等。

5. 生產作業控制中的傳導資訊顯示

有效的生產作業控制是生產順利進行的保證。所謂作業控制，即使生產各個環節、各道工序都有計劃地按期量標準進行生產。在實際生產中，由於機器設備故障、人員變動、臨時的技術改動、材料供應不足等原因，都會使某一個生產環節和工序發生停產與產量下降，這就需要有傳導信號把有關資訊及時告訴上一環節，傳入下一環節。這種在各生產環節與工種、工序之間起聯絡傳導作用的信號，對減少工時損失、提高生產連續性起很大的作用。這類資訊的公佈應注意及時、正確，要用統一的指示燈、指示牌、故障顯示幕。

生產作業還有一個質量控制的問題，全面品質管制中的質量控制點應有「質量控制圖」作傳導資訊，及時告知生產者質量波動狀況，採取有效措施實施解決。班組應將「產品質量統計日報」公佈於眾，當天出現的廢品要及時組織人員會診分析，尋找原因，防止再次發生。

有的行業，班組有成本控制要求，應每日公佈每班的投入、產出的各項資料，對不應該出現的超標投入，應分析研究，找出原因，提出改進措施。

6.產品、工夾具的堆放標準化

為了充分發揮目視管理的作用，產品、工夾具的堆放和運送要實行標準化。例如，各種物品推行「五五堆放」，產品、工夾具、運輸小車、箱、盤均按廠內規定的標準安置與盛裝，這樣既便於操作運輸，又利於清點數目。

7.目視管理中「色標管理」的運用

色彩對提高員工工作效率、保證安全生產、改善經營管理、提高服務質量有著不可估量的作用。在現場作業區，適宜的色彩有助於員工在緊張工作中保持旺盛的精力、減少疲勞、防止精神萎靡和工傷事故，因此「色標管理」也是目視管理的一個組成部份。顏色可以使人們產生大小、寬窄、冷暖、軟硬、輕重等感覺效應。因此，高溫工廠以淺藍、淺綠、白色等冷色為基調，可給人以清涼的感覺；低溫冷凍倉庫則相反，適宜用紅、橙、黃等暖色，給人以溫暖的感覺。

安全生產中對色彩的作用，常常用綠色表示平安、紅色視為危險，如實際生產現場中用綠色信號閃光表示設備運行處於預備狀態，紅色信號燈表示設備正投入運行狀態，需要隨時加以注意，集中精力，注意安全運行。對設備、材料、管道、容器等的色彩運用都有具體標準，應在工廠領導下統一應用，並進行標準色標的學習培訓，有利於目視管理的推廣應用。

3 可用的目視管理工具

----

1. 標準取(送)貨目視板

該板掛在生產線第一道工序的明顯處。上面標明：零件號，零件名稱，最高與最低儲備定額，工位器具的型號、容量，取(送)零件的批量等。現場管理人員可根據項目內容查對實物與標準是否相符，決定是否應該發出取(送)貨看板。

2. 儲備量定額目視板

該板掛在生產線上方或明顯處。它標明零件號、零件名稱、毛坯儲備定額、技術儲備定額、成品儲備定額，或者規定各個工序最高與最低在製品定額。可以掌握生產線上在製品流動是否正確，便於改善現場管理，控制過量生產。

3. 成品庫的庫存目視板

該板設置於成品庫的開闊處，顯示倉庫成品動態。目視板上標有所有成品的編號、名稱、最高與最低儲備定額、存放地、發送單位、現有庫存數，工位器具的型號、容量等，便於做到既要保證按期交貨，又要防止盲目生產。

4. 庫存實物對照板

該板特別適用於小型零件(如彈簧、螺栓、螺帽、墊片等)。凡屬體積小而品種繁多、形狀相近、不易辨認、易出差錯的零件實物，按零件號大小順序分別掛列實物。對照板上標明零件號、名稱及每台機器需要件數等項。便於管理人員對照，防止收錯零件。

5.掛在零件箱上的看板

在該板上一般標有：零件號、零件名稱、盛裝數量、發件單位、收件單位等。

6.各種物流圖

它是在一塊板上形象地畫出各種零件取送的數量、時間間隔、路線、目的地、工位器具種類及其存放地點和數量、運輸車輛類別等等，是生產現場與有關取、送單位相互間物流綜合平衡後的標準規定，其作用是統一各方面的步調，避免生產現場發生物流混亂現象。物流圖多用於毛坯、半成品、協作品和成品等物品的集散地。

7.地面標誌

一般在廠房內外的地面通道兩側劃以禁止逾越的黃色或白色通道線。對工位器，是在生產現場或庫房指定擺放的位置線，如白色方框線等。

8.安全生產

用標牌與信號顯示裝置在生產現場懸掛張貼安全生產的標語牌，如「安全第一」等。在危險之區域安裝警告性標誌和標語。

心得欄

如何進行日常作業的巡查

1. 作業檢查

優秀的生產主管每天的作業檢查要做得井井有條；其情形如下：

(1) 機械設備作業的檢查（日常檢查）

① 是否已妥善加油。

② 機械設備的機體處理是否照規定實施。

③ 發現機械設備故障後，與管理者的聯絡處理是否妥善。

(2) 所使用的物料質量、數量是否照規定

在發現所使用材料中夾有不同質量的物料時，是否停止使用，並通報管理者請示處置辦法。

(3) 是否使用規定的工具，並妥善運用

對於磨損、破損工具的處理是否妥善，對於工具的不妥，作業人員是否提出改善要求？

(4) 使用方法的掌握

是否在瞭解使用方法後才使用測定器，測定器有無定期檢驗，其是否精確。

(5) 作業人員的技能

作業人員是否照批示工作，按批示作業是否發生問題，如有問題，原因是批示不妥，還是作業人員的知識、技能有所差距？

(6) 作業人員，有無進行危險的作業

(7) 修整作業是否與正常作業分開記錄

(8) 生產線的佈置有無不妥

⑼完工後的檢查整理工作是否已做好

⑽自⑴～⑼中的問題要點是否加以確認並擬訂對策

⑾是否瞭解發生異常事態時應採取的行動

2.作業巡視

在工作時間結束前 30 分鐘,生產主管要再度巡視班組的每一個角落。

①妥善檢查機械的狀況。

②從數字上確實瞭解不良品的發生狀況。

③探視從業人員的負傷與健康狀態。

3.巡廻檢查

生產主管日常巡廻檢查是為了保證班組生產的穩定和正常進行,及時發現生產中各種異常情況,並加以處理,杜絕各類事故發生,是保證安全、穩定生產的重要手段。

⑴巡廻檢查內容

巡廻檢查內容視不同行業而定,基本包括:

①查各技術條件的執行和變化情況。

②查設備、管線、閥門的工作狀況,有無異常情況。

③查班組轄區門、窗、玻璃的完好情況,有無不安全因素等。

④查生產、工作崗位衛生、工作等情況。

⑤查各控制點的質量情況。

⑥查各工作崗位是否按時記錄,真實記錄是否整潔,字體是否標準。

⑦查設備潤滑、衛生情況。

⑧查水、電、汽、煤氣供應情況。

⑨查安全生產及不安全因素整改情況。

⑵巡廻檢查要求

①工廠根據生產技術部門規定的重點巡迴檢查點，結合本工廠及班組的實際情況，制定出本工廠各班組和工作崗位的巡迴檢查路線。

②每個生產班組和工作崗位的巡迴檢查路線，必須以圖示形式在工作崗位或控制室內展示出來。

③每個重點巡迴檢查點必須掛上巡迴檢查牌，牌上標有時刻標記。

④必須按所規定的間隔時間進行巡迴檢查。

⑤檢查時必須認真、細緻，發現問題應及時處理，不能處理的問題要立即報告生產主管或值班長。

⑥每檢查完一個點要轉動檢查牌，使牌上所指時刻與實際檢查時間相符方可進行下一個點的檢查。

⑦做好工作崗位巡迴檢查記錄，對發現的問題及處理情況做詳細的記載。

⑧每班組要做到各生產工作崗位巡迴檢查兩次(上下班前各一次)對查出的問題要及時處理，對解決不了的重大問題，要及時向相關主管彙報，並採取有效措施，防止事態擴大。

(3)巡迴檢查方法

實行五字檢查法，即看、聽、查、摸、聞。

①看：看技術條件是否穩定在正常的控制範圍之內，看週圍環境是否有異常情況。

②聽：聽設備、管線及週圍是否有異常聲音。

③查：查設備、閥門、管線是否有跑、冒、滴、漏現象。

④摸：摸設備、管線振動情況和溫度情況。

⑤聞：聞電器設備及生產現象是否有異常氣味。

(4)巡迴檢查牌的管理

①巡迴檢查牌統一由生產技術部門發放。

②巡迴檢查牌要經常保持清潔衛生，必須掛在規定的檢查點適當位置上，不得丟失或隨意擺放。

③巡迴檢查牌腐蝕或損壞，要及時到生產技術部門更換。發現丟失時，工廠要立即向生產技術部門申請領取新牌，並追查所在班組或工作崗位的責任。

5 現場的目視管理檢查

1.整理、整頓

①通路是否確保暢通？

②不要品、不良品是否有區別？

③各現場的標示有無？

④在通路上有無紙屑等髒物？

⑤是否遵守 5S 的時間。

2.資材管理

①材料、部品放置物有無標示。

②能否知道資材的過剩或不足？

③有無老化的資材？

3.工具管理

①工具的整理、整頓是否好？

②有無工具管理台賬？

③工具管理狀態如何？

④現場是否放有不同的工具。

4. 人員管理

①是否維持了出勤率？

②是否進行了必要的教育。

③離開工作現場的人員去向是否清楚？

5. 現場管理

①現場的整理、整頓如何？

②是否根據作業標準書進行作業？

③安全衛生狀況如何？

6. 貨期管理

①能否掌握與預定交貨期延誤了多少天？

②作業者是否知道預定的交貨日？

③安全衛生狀況如何？

7. 品質管理

①品質保證系統是否確立？

②有無 QC 工程表、作業標準書？

③是否瞭解不良率的推移情況？

④計測器的制度管理如何？

⑤瞭解投訴發生的推移情況？

6 目視管理的基本要求

推行目視管理，並不是作表面文章，而是一定要從實際出發，遵循科學規律。其基本要求是：

1. 統一

就是要使目視管理標準化，清除五花八門的雜亂現象。

2. 簡約

就是要使目視管理各種視覺顯示信號易看易懂，一目了然。

3. 鮮明

就是要使目視管理各種視覺顯示信號清晰，位置適宜，生產現場人員看得見、看得清。

4. 實用

就是要使目視管理不擺花架子，少花錢、多辦事，講究實效。

5. 嚴格

就是要使目視管理的參與人員，必須嚴格遵守和執行有關規定，有錯必糾，賞罰分明。

第 十 五 章

生產現場的看板管理

1 看板管理的種類

　　「看板」的日文意思是：招牌，廣告牌。「看板」也稱為「傳票卡」、「流程卡」，實際是一種精心設計的卡片，一般在上面標出：產品名稱、零件名稱、生產時間、生產方法、放置地點和容器、生產線名稱等。「看板」作為資訊傳送工具，起著至關重要的連結的作用，「看板」是準時生產制（JIT）模式的「中樞神經」，是一種以肉眼觀看的管理工具，它的目的包括及時生產、減少工時、降低庫存、消滅不合格品等。

　　看板管理又稱為視板管理、看板方式、看板法等，是 20 世紀 50 年代由日本豐田汽車公司創立的一種先進的生產現場管理方法或生產控制技術，是目視管理的重要工具。它以流水線作業為基礎，將生產過程中傳統的送料制改為取料制，以看板作為取貨指令、運輸指令、生產指令，進行現場生產控制。從生產的最後一道工序（總裝線）起，按逆（或反）技術順序，即倒流水拉動方式，一步一步、一道工序一道

工序地向前推進，直到原材料準備部門，都按看板的要求取貨、運送和生產。看板作為可見的工具，可使企業中的各生產部門、各工廠、各班組等協調地運行，實現整個生產過程的準時化、同步化，保證企業以最少的在製品佔用最少的流動資金，獲取較好的經濟效益。

　　看板管理的目的是要嚴格控制所有生產工序和在製品庫、半成品庫的在製品流轉數量，從而減少在製品儲備，減少資本佔有，降低生產成本。它要求在需要的時間，用需要的材料，生產出需要數量的產品。

　　看板的種類很多，根據功能和應用的不同進行分類，各類看板的功能分述如圖 15-1 所示：

圖 15-1　各類看板的功能

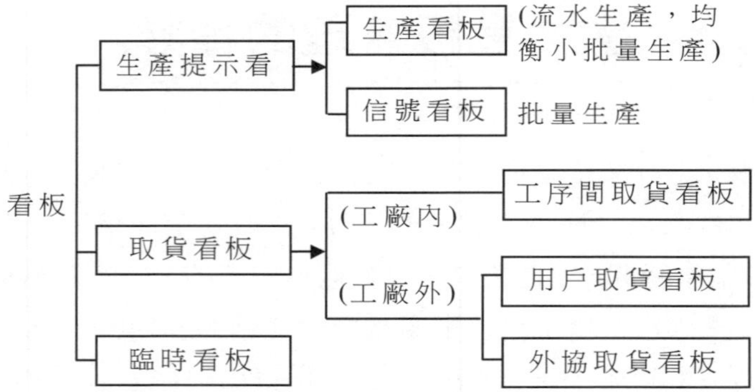

　　常見的看板的形式很多，如：

1.生產看板(工序看板)

　　指某工序加工時所用的看板。它指出需加工的件號、件名、工件存放位置、工件背面編號、加工設備等。

2.信號看板(或三角看板)

　　一般用於生產線內部或兩個相鄰工序之間，尤其適用於不得不進

行批量生產的工序。它指出待加工工件號、名稱、存放位置、指定貨
盤再訂購點及貨盤數、加工設備等。

2 看板管理的作用

1. 傳遞情報，統一認識

⑴現場工作人員眾多，將情報逐個傳遞或集中在一起講解是不現
實的。通過看板傳遞既準確又迅速，還能避免資訊失真或傳達遺漏；

⑵每個人都有自己的見解和看法，公司可通過看板來引導大家統
一認識，朝共同目標前進。

2. 幫助管理，防微杜漸

⑴看板上的資料、計劃揭示便於管理者判定、決策或跟進；

⑵便於新員工更快地熟悉業務；

⑶已經揭示公佈出來的計劃書，大家就不會遺忘，進度跟不上時
也會形成壓力，從而強化管理人員的責任心。

3. 強勢宣導，形成改善意識

展示改善的過程，讓大家都能學到好的方法及技巧。展示改善成
績，讓參與者有成就感和自豪感。

4. 褒優貶劣，營造競爭的气氛

⑴明確管理狀況，營造有形及無形的壓力，利於工作的推進；

⑵工作成績通過看板來揭示，差的、一般的、優秀的，一目了然，
起到激勵先進、促進後進的作用；

⑶以業績為尺度，使績效考核更公正、公開、透明化，促進公平

競爭，防止績效考核中人為的偏差；

⑷讓員工瞭解公司績效考核的公正性，積極參與正當的公平競爭，使現場活力化。

5.加強客戶印象，樹立良好的企業形象

⑴看板能讓客戶迅速全面瞭解公司，並留下良好的印象從而對公司更信賴；

⑵讓客戶瞭解公司的管理水準。

3 看板管理的基本要求

1. 在取零件時候，取貨人員將必要數量的工位器具，送到前工序的貯存處。

2. 後工序的取貨人員在貯存處領取零件之後，應做到立刻將原來掛在零件上的工位器具與生產看板取下，放到看板接收箱內。取件人員就將帶來的工位器具，放置在前工序指定的放置處。

3. 取貨人員每取下一張生產看板後，必須相對應地掛上一張取貨看板。當這兩種看板在交換之際，取貨人員須小心地核對，以確定取到的零件與要取的零件否是同一零件。

4. 後工序在開始進行生產時，必須將取貨看板取下，並放入取貨看板放置箱內。

5. 前工序在間隔一定時間或生產一定數量零件後，必須將生產看板從看板箱內收集起來，並依據看板在儲存處被取下的順序，放入生產看板放置箱內。

6. 前工序在生產時必須依照生產看板放置箱內的順序進行生產。

7. 零件加工和其生產看板的取掛交換，必須同時進行。

8. 在零件加工完後，零件和生產看板必須同時放到指定的貯存處，以便後工序取貨人員能在任何時刻取到。

4　看板管理的實施條件

1. 實施看板管理的基礎

(1) 生產過程必須是流水作業，而不適用於單工序生產；

(2) 生產必須秩序穩定，有均衡生產基礎和技術規程，技術流程執行良好，工序質量能夠得到控制和保證；

(3) 設備、工裝精度良好，保證加工質量穩定；

(4) 原材料、配件供應數量質量有保證；

(5) 實施標準化作業，企業內生產佈局和生產現場佈置合理。

2. 班組實施看板管理的條件

(1) 產品生產技術穩定；

(2) 設備、工具、材料等供應井然有序，避免任何一項供應中斷而造成生產停頓；

(3) 機電、檢修、工具、檢驗、技術等均有良好的現場服務；

(4) 必須使生產作業標準化和合理化，否則就容易產生無效工作、不合理的操作和不均衡的生產。

總之，看板管理只有在工序一體化、生產均衡化、生產同步化的前提下才有可能運用。

5 實行看板管理的原則

1. 後工序只有在必要的時候才向前工序領取必要數量的產品。為了實行這一原則，須做到不見看板不發料，領料不得超過看板數目；看板必須跟著零件走。

2. 前工序應該只生產足夠數量，以補充後工序提取走的零件。為實現這一原則，必須使生產的零件數目不超過看板上的數目。當前工序生產多種零件時，必須按照看板送來的先後順序安排生產，以防耽誤後工序中零件的加工，出現混亂。

3. 不合格的工件不能送往後工序。因為後工序無零件儲備。一旦後工序發現不合格零件，須立即停止生產線找出不合格零件，一旦後工序生產線停工就必將影響生產準時化的執行。

4. 看板的使用數目應儘量減少。一種看板的使用數目決定了該種零件的最大儲備（庫存）量，而庫存量大於必要庫存量時，會造成庫存積壓，這對於營運資本而言是一種低效運行。

5. 看板應做到適應小幅度生產數量變化的需要。所謂對看板進行小幅度微調，指的是看板控制制度適應突發性的小幅度需求變動或緊急情況。實施看板管理時，當總裝線接到一項生產順序計劃，依照看板取下數目就可進行生產，而無須通知所有制造過程變更生產計劃，這種微調只適於小幅度的需求變動，一般應控制在整個計劃的 10%內。

6 看板的內容

現場所有的牆壁，都可以作為看板管理的場所。下列的資訊，應張貼在牆上及工作本上，讓每一個人知道 QCD（品質、成本、交期）的現狀。

1. 質量的資訊：每日、每週及每月的不合格品數值和趨勢圖，以及改善目標。不合格品的現物應當陳列出來，給所有的員工看（這些現物，有時稱之為「曝光台」）；

2. 成本的資訊：生產能力數值、趨勢圖及目標；

3. 交貨期的信息：每日生產圖表；

4. 機器故障數值、趨勢圖及目標；

5. 設備綜合效率；

6. 提案建議件數；

7. 品管圈活動情況。

包括其他需要公佈的資訊項目。

7 看板製作的要求

1.設計合理，容易維護

(1)版面、欄面採用線條或圖文分割，大方又條理清晰；

(2)主次分明，重點突出；

(3)採用透明膠套或框定位，更換方便；

(4)活用電腦設計，容易更新。

2.動態管理，一目了然

(1)管理人員、更換週期明確；

(2)選擇員工關心的資訊、項目；

(3)動態資訊以目標計劃進度為主線；

(4)用量化的資料、圖形，形象地說明問題。

3.內容豐富，引人注目

(1)體現全員參與；

(2)採用卡通、動畫形式，版面活躍；

(3)多種看板的結合，有利於實現內容的豐富化。

第 十 六 章

生產現場的培訓管理

1 生產線在職人員的訓練

無論那個工廠，都會產生給質量、生產成本、交貨期帶來不良影響的許多問題。在你們的工廠裏，現在是否面臨著類似的問題呢？

⑴不遵守正確的工作方法；

⑵工作質量未達到標準；

⑶遲到；

⑷常有做錯的現象；

⑸廢品及返工過多；

⑹發生工傷；

⑺沒有正確地使用安全裝置；

⑻通道和工廠塞滿了物品；

⑼員工對工作不感興趣；

⑽員工作業偷工減料；

⑾ 輔助器具及計測器的使用方法不當；

⑿ 浪費消耗品；

⒀ 員工不穩定，經常流失；

⒁ 工作無計劃性；

⒂ 對客人的接待不好。

如果要分析以上問題的產生原因。首先，要分析是管理的問題，還是員工本身的問題，如知識、技能不夠，應加強培訓。用正確的指導方法重新將工作方法教給他們的話，那麼很多問題應該都是能夠消除的。通過這種形式，找出問題就能發現培訓員工的重要性。

1.由基礎到應用

一種產品，一種設備，甚至是一種現象，表面上看起來挺神奇的，很複雜的，其實將其原理說開來後，就沒有什麼了，指導部屬時，要從基礎原理說起，一直到其應用，以及現狀如何，說得越詳細，部屬越容易接受。

2.從簡單到複雜

想指導部屬的東西有很多，如果一下子就讓其接手高難度的問題，肯定不會有好的結果讓你滿意。先從解析小的簡單的問題開始，再到大的、複雜的問題，分階段來，不要操之過急。

3.讓其動手看看

解說和示範的目的，都是為了讓部屬在頭腦裏有一個認識。認識之後就要動手去做，做才是我們培養部屬的真實目的所在。不要總怕部屬會失手，會做出一大堆不良品出來，這是免不了的「學費」，只要不是太昂貴就可以了。

4.讓其積極地提問

部屬在接受新知識時有時有自己的看法，出於某種原因，又不敢直接對上司提出來，高明的上司應該看透這一點，多鼓勵部屬提問，

並盡一切可能給予解答。如果部屬能提出有水準的問題，至少證明其有相當程度的理解了。

5.不停地關心、鼓勵

新員工對一切都十分好奇、敏感，此時最需要別人的關心和鼓勵。上下班時打招呼，遇到難題時，多鼓勵幾句，取得成果時，誇上幾句，這會使新員工信心大增。培養部屬，除了講求方法，還要有寬廣的胸懷，傳授技藝不保留，不要總怕部屬超過自己。

2 員工培訓的準備

準備是工作中重要的一部份。這一點在指導員工工作的時候也同樣重要。以教育培訓為例，其準備工作分下面四個重要項目。在培訓之前不做好這個準備的話，就不能收到預期的效果。

⑴製作訓練預定表；

⑵分解作業；

⑶準備培訓資料和道具；

⑷準備操作訓練場所。

對於上述四個事項，依照順序實施。

1. 製作訓練預定表

對職工的訓練，只有在訓練前制訂一項很好的計劃才能順利進行。否則，容易出問題。通過製作訓練預定表，做到：

⑴可以清楚地把握自己所在的工作場所的現狀；

⑵明確地知道必須緊急訓練的事項；

⑶對此應怎樣制訂計劃,例如:

①讓誰進行……

②進行那個操作……

③到何時為止……

最後明確是否有必要進行訓練。

下面敍述一下訓練預定表製作上的注意事項(見表 16-1):

表 16-1　訓練預定表

訓練科目＿＿＿＿＿＿　　日期＿＿＿＿＿＿　　訓練者＿＿＿＿

工序名稱		受訓者		性　　別	
作業名稱		設備名稱		技術規格	
作業步驟	作業內容			是否能完成 ($\sqrt{}$／$\triangle$)	備　　註
NO. 1					
NO. 2					
NO. 3					
NO. 4					
訓練結果 評　　價				主管意見	

⑴在訓練表左上方填上制定者姓名、工作場所及當天的日期。

⑵在左側欄裏,各種作業都有時,填入各種作業名。作業種類相同時,填入工作要求的等級、熟練程度以及機器的廠家名及尺寸。

⑶在上面欄裏填入職工的姓名、性別等。

⑷員工一個人能夠完成的作業填入「$\sqrt{}$」,不適合的情況下,填入「$\triangle$」等不同符號。

⑸在訓練結果評價欄中，填入員工的工作表現及作業能力情況，以決定員工的升級及工作安排。

⑹在主管意見欄中作出工作安排和員工升級升遷意見。

⑺把以上各注意事項無遺漏地記錄下來，就可以充分把握工作場所的現狀。在此基礎上，對上述⑷、⑸、⑹內容的相互關係進行充分研究，以明確最重要的訓練要點是什麼。知道訓練要點之後，決定讓誰、到何時進行那個操作。決定時間時，除考慮上述所列幾條外，也要考慮自己工作的情況及忙碌的程度。

⑻突然變更作業方法、設備、機器和材料而需要訓練時，立即同上司商量，首先要明確讓誰、到何時進行那個操作，並記錄新作業名稱，支援者等必要事項。

⑼決定操作有必要進行訓練的以後，再按照操作的順序進行操作分解，在分解用紙的左上 No. 欄裏記錄號碼，將這個號碼記入訓練預定表的操作分解號碼欄裏。

訓練表的製作只要 10～15 分鐘便可以完成。

2.分解操作

製作操作分解表後，指導者教授之前要在腦子裏整理要教導的內容。如果整理不好思路，就不能夠進行正確的指導。使用訓練預定表來明確要教的作業之後，即使是較有經驗者，都必須進行操作的分解。

如果進行操作分解的話，指導者可以得到如下的好處：

⑴進行說明時，順序更清楚、易懂，而且不會漏掉必要事項。

⑵不會浪費工夫反覆調整適應。

⑶可以不慌不忙，自信地進行說明。

⑷能夠著重強調重要的地方。

⑸學員能夠確認真正記住與否。

⑹總結現在的工作方法，進行改善。

在製作的訓練預定表中，首先將有必要進行訓練的操作，試著進行分解。

作業分解的原則是將每一次能教的內容作為單元進行分解。由學員一次可以學到的能力，操作的範圍（操作本身的階段性）及管理者每一次可騰出的時間等來決定。

作業分解時的注意事項：

(1)在填寫作業分解用紙標題時的注意事項

①NO. 在這裏填寫操作分解用紙的整理號碼。按號碼順序裝訂，並加上目錄，在以後的操作指導時，很容易取出這些資料。

②操作。在這裏填寫將要指導的操作名稱。

③零件。將要指導的操作的主要對象，例如馬達裝配作業的操作分解，要填入定子、轉子、銅芯線，連接器。

④工具。對完成操作有幫助的東西，如工具類（例如： 螺絲刀、錘、鉗子等）盡可能填寫。

⑤材料。填入為了完成操作必要的消耗品、輔助材料（例如：強力膠、天那水、布碎等）。

(2)在決定主要步驟(順序)時的注意事項

①所謂主要步驟是指進行操作時主要的操作順序。

②主要步驟必須是在實際操作中加以決定。如果根據想像進行作業分解的話，容易遺漏或增加某些步驟，也就無法進行完全的操作分解。

③現在實際進行一個單元的操作試試看，然後停下來，考慮一下現在所進行的工作是否能成為一個主要的操作步驟。根據學員的能力，在確認操作確認前進了一步之後，將其作為一個主要的步驟。

④即使教導學員的操作相同，主要階段的分割也可以根據學員的能力分得大些或小些。也就是對有能力的人可分得多一些，差一些

的可分得少一些。並且為了使能力差一點的人更容易掌握，最好把每一個實際動作作為主要步驟。

⑤操作中包括檢查、點檢、測定等工作時，把它作為一個重要的步驟提出，要達到避免指導過失的目的。

⑥因為主要的步驟通常是「做什麼」的問題，所以原則上在作業分解表內，都用「○○或△△」的方式來書寫。總之，要填寫用動賓結構的語句。

⑦對於主要的步驟，儘量用確切、簡潔、具體的語句來書寫。做操作示範時，由於要用這個語句來說明，如果和動作有出入，過分繁瑣的話，就會使學員產生混亂。

(3)決定關鍵點時的注意事項

①所謂關鍵，是指一個注意步驟得以順利進行的重點所在。關鍵有各種各樣，最重要的有下面 3 條。

a.影響工作的完成情況，是決定成敗的地方──（成敗）；

b.容易造成職工受傷的危險物──（安全）；

c.使工作更易完成的方法(直覺、竅門、技巧、特別的知識等)──（容易做）。

②在仔細理解①的 3 個關鍵條件的基礎上，對於主要步驟中的「做什麼」要考慮的關鍵是「怎樣」做，一定要在進行每個主要步驟的實際操作中去發現。

③選擇關鍵時，和決定主要步驟一樣，要認真考慮學員的能力。做到沒有徒勞、勉強和疏漏。由於沒有充分地將關鍵處教導清楚，重大的事故及損害時有發生。

④要根據學員的能力來決定關鍵所在，而不是以指導者的能力為標準來決定。現在認為是理所當然的，但當時自己初學時沒能順利掌握的內容都要無誤地挑出來。

⑤不考慮學員的能力，如果把各個細小部份毫無選擇地挑出來的話，就有可能抓不住關鍵所在。

⑥在一個主要步驟中，同時有幾個關鍵要素時，要按照進行操作的順序填寫。

⑦在一個主要步驟中，有四五個關鍵要素的話，儘量把主要步驟分成若干個，以便學員容易記住。

⑧在填寫關鍵要素時，儘量避免使用抽象的語言(例如：確實、正確、充分等，見表 16-2)，如「怎樣做才可以準確無誤」。此外，填寫「不要做……」也是不理想的(表 16-3)，這時，要考慮怎樣做，要具體地指出應該「這樣做」。

表 16-2　生產步驟的關鍵要素

主要步驟	關鍵要素			
擰 螺 絲	確　實	手用力均勻	對準中心	用測力計
	×	○	○	○

表 16-3　生產步驟的關鍵要素

主要步驟	關鍵要素		
擰 螺 絲	用力均勻	不要歪斜	對　角
	○	×	○

⑨用語言難以表現的話語，盡量用資料說話。下面舉一個標準作業的例子（表 16-4），供參考。

表 16-4　標準作業工程

作成日：　　年　月　日									
標準作業表 （工序能力表）			號碼					生產線名	
			品名						
工程順序	工序名稱	機器編號	基本時間			力　具		加工能力	備註
			作業時間	自動進度時間	完成時間	交換個數	交換時間		
1	銑　　工	M1	7	20	27	3000	1´50″	1065	
2	溝　加　工	M2	6	15	21	2500	1´30″	1369	
3	平面研磨	M3	6	28	34	4000	1´15″	846	
4	圓筒研磨	M4	7	25	32	3500	1´20″	899	

3.準備所有資料和道具

在培訓之前，必須準備所有的必要物品，當然要準備正規的設備及工具，準備充足的材料及消耗品，以免在教導過程中出現物品不足的現象。如果做了操作分解的話，在操作分解的標題欄中寫零件及材料的名稱，根據要求進行準備。零件、材料特別是消耗在教導的第二階段、第三階段使用量很大，如果所需要的數量事先寫在操作用紙上的話，會很方便。並且，如果需要的話，還應該準備一些黑板、粉筆、模型、樣本等。用臨時代替的工具、設備、材料等時，既不能正確教導，學員也會變得不尊重指導者。

4.準備操作訓練場所

如果指導者做不正確示範的話，學員就會養成不良習慣，所以指

導者給學員必須做出正確的示範。工廠的整理整頓是操作安全的第一步，設備、機械、工具類的檢查準備，對於操作安全也是不可缺少的。所以，在教導之前，一定要將上述物品準備齊全，做正確的示範。指導者以身作則，維持工廠紀律等是極其重要的。做正確示範，是管理者、指導者的職責之一，是理應做的。

3 對員工培訓的技巧

根據「準備方法」做好教導前準備工作之後，下面，用「教導法的四階段」指導培訓人員。這個教導法正確、安全、條理分明，是值得依賴的方法。

在此，按順序從第一階段到第四階段進行復習和研究。

1.策劃和準備

為了使工作順利進行，準備工作是很重要的，有備無患，好的準備是成功的開始。在指導過程中，主要是學員（被訓練者）。首先要使他們做好學習的準備。

(1)做到輕鬆

如果過分緊張的話，就很難把全部精力投入學習。由於緊張過度，動作就變得不靈活，平常的技術手法得不到發揮。向上級、前輩學習東西時，學員容易緊張，有必要使他們恢復到平常的狀態。但是，過於輕鬆的話，會變得鬆懈。

(2)說明進行何種操作

為了消除學員常常有的對「讓自己做什麼」的不安感，要讓學員

對工作有準備。所以講清楚做什麼操作是非常必要的。

(3)確認對操作瞭解的程度

教導學員已經知道的事，不論在時間上還是在人力、材料上都是浪費。相反，把不知道的當成是知道的，省略教導的話，如同是在強加於學員，所以對於操作需要確認瞭解的程度，做到有的放矢。

(4)使學員有一個想要掌握操作的心態

在學員沒有想掌握的願望時，無論怎樣認真地說明或做示範，也許學員會聽不進去或忽略。為了避免此類事情的發生，跟學員說明掌握的重要性及意義是很重要的。

(5)使之置於正確的位置

把需要的東西置於具有無疏漏、容易看、容易做、無危險、無判斷錯誤，不給別人添麻煩等條件的位置上，而且要從指導者容易指導的角度考慮選定正確位置，使其在那裏就位。

2.進行操作說明

由於學員沒有充分具備完成工作的能力，所以才需要指導，因此，指導者首先從說明要教的工作開始教導。

(1)將主要步驟逐個講給學員聽，做給學員看，寫給學員讀

所謂主要步驟就是工作的順序，是用語言來說明動作的。一邊讓學員看動作，一邊有條不紊地、沒有疏漏地、容易令人明白地逐個說明，學員會很容易理解的。所謂逐個除了一個的數字以外，還需要具備順序和分段。

(2)強調重點

學員懂得工作流程後接著為了按照其順序正確地行事，需要把特別應該用心注意的重要點，給學員以深刻的印象使之牢牢記住。即關係到工作的成敗，關係到安全及使工作易做等作為重點，這種情況下，把重點以外的事情混在一起說明的話，關鍵的要點就會變得模糊

不清了。在明確顯示要點動作的同時，用簡潔的語言，按照順序，反覆地加以說明是非常重要的。

⑶清楚地、一字不漏地、有耐心地說教

需要用清楚的語言，清楚的動作，沒有疏忽地、有耐心地多次說明或做給學員看。在這種情況下，如果無差錯地說明其為什麼成為要點，要點的根據，存在理由，有助於防止偷工偷料。如果指導者因為忙，沒有耐心地、不充分地教導，就使學員進入工作的話，學員往往會失敗。發生很多波折和問題後，結果費更大的力氣處理善後，還要重新進行教導。所以不管有多忙，也要用正確的、值得信賴的教法，有耐性地教。

⑷不要超過理解能力加以強迫

這個項目也是對於整個第二階段的指示事項。超過能力加以強迫的話，學員會產生自卑，對指導者有反感，變得自暴自棄或產生厭煩的情緒。總之，強迫是有害無益的，應該見人行事。

3.讓學員做做看

大部份的工作，只用腦子記憶、理解是完成不了的。在很多時候，知道和會做是不同的。所以，說明完後，需讓學員做做看，去體會。

⑴讓學員做做看——糾正錯誤

首先讓學員做動作，有錯誤的話，應採取措施儘早糾正，不要使學員養成壞習慣。

⑵讓學員一邊做一邊進行操作說明

因為操作的順序是將動作用語言表現出來的，所以如果掌握了動作的話，就容易說明順序。通過讓學員講順序使之再次確認並牢牢地記住。

(3)要求學員進一步地重申要點

讓學員在體會的同時，說出要點，把要點確實作為重點在頭腦中進行整理並記憶。即使從動作上能夠正確地實行要點，但本人是否意識到那是要點，只從外表是識別不出來的。所以，需要讓學員說出要點。

(4)在知道學員已掌握前要進行確認

這個項目是整個第三階段的指示事項。指在指導者明白學員弄懂以前要進行確認，在這種情況下，需要確認在第二階段所教的動作（工作）、流程（主要的步驟）要點，要點的原因是否被學員正確掌握。

4.觀察培訓效果

(1)讓學員實際操作

如果在第三階段學員確實明白了的話，讓一個人站起來，實際操作，由此可使學員不存僥倖心理，而帶著責任感進行工作。

(2)事先向學員說明

如果有不懂時，可以隨時提出來，學員就不會存在「向誰問好呢？」的疑問，可以正確、很好地從負責培訓工作的人那裏學習。

(3)多作檢查

往往剛接觸工作時，容易發生一時忘記，誤解動作要領等，所以必須認真看操作方法後再做，在養成壞習慣之前進行修正。學員在還需要幫助的時候，對檢查的指導者有一種感謝的心理。

(4)引導學員提出疑問

學員對指導者客氣或不想讓別人知道自己的記憶力不好的這種心情，很難提出疑問。所以，指導者要創造出一個容易提問氣氛，使提問容易進行。

(5)逐漸地減少指導

隨著時間的推移，學員逐漸熟練的話，指導也應該逐漸地減少。

已經進步了，即使仍像教導前後時一樣經常過去看，也沒什麼要教導的，只會浪費時間。而且，也許學員會認為自己總被當作不熟練者，從而產生反感及不被信任感。但是，即使說要減少指導，與一般熟練者同類的指導還是應進行的。

只要按照這四個階段教導的話，一定會讓學員學會操作。所以，管理者應該考慮「學員沒學會就等於自己教得不好」，不斷地進行反省。對任何事情沒有反省也就沒有進步。

4 培訓目標

生產人員培訓可以分為兩個階段，第一階段：迅速掌握基本技能；第二階段：達到技術專精。

第一階段：迅速掌握基本技能

第一階段的任務是讓新員工迅速掌握基本技能，成為熟練工作者。

1. 完成這一目標必須具備的兩個條件

①讓員工瞭解公司產品。

②能按公司標準的工作效率和工作品質完成任務。

由於試用期低薪酬，沒簽合約，考核不通過，可以隨時炒掉。如果沒有做好人員管理和標準的考核，一旦過了試用期，產品品質低下的問題就會出現。所以，生產主管要在試用期時間段集中給新員工灌輸企業理念，介紹企業產品，安排熟練工作者向新員工傳授基本技能。下表列出了出現問題的原因和解決辦法：

表 16-5　出現問題的原因及解決辦法

生產人員	問題出現原因	解決問題
熟練工作者	· 不願教，或怕被超越 · 自己本來技術不過關，怕被發現 · 對人員培訓不重視	連坐式強制 考核管理
新員工	· 學習意願不強 · 想學，但沒人教	

2.實施連坐式強制考核管理

以上只涉及熟練工作者和新員工，因為生產主管控制的是全局，而生產員工的相互學習是一個局部，如果作為生產主管每刻都只關注生產員工的細節，那就會發生救火現象嚴重的局面。管理的計劃、組織、指揮、協調、控制，是對整個生產工作流程的管理，當工作效率、工作品質、規章制度、安全衛生、考勤都完成的情況下，生產主管才能注意到每位生產員工的具體表現。所以在兼顧全局的情況下，生產主管可以採用連坐式績效考核管理，具體辦法如下：

①把新老員工的績效考核放在一起，與薪金掛鈎，採用進一退二的做法進行整體考核。

②下放新員工的日、週考核權給老員工。

③強調企業重視度，加強人員監督。

第二階段：達到技術專精

第二階段的目的是，使熟練工作者達到技術專精，成為生產的技術專家。

1.實現此一目標的兩個特徵

①熟練員工在保證原有工作品質的前提下，效率有明顯的提高。

②在自己熟悉的工作流程中，善於發現問題，並使解決的問題成為自己提高效率、改善品質的專有技術。

通常在生產的這個過程中，時間成本浪費非常嚴重，而且也是人員流失最頻繁的，下表是對該問題的分析：

表 16-6　技術工培訓問題分析

生產人員	問題現象	問題原因	解決方法
技　術 專　家	熟練工作者專業技術掌握時間過長	不願傳授技術，怕被超越或者取代	督促、激勵
	專精人才流失	看不到自己以後的發展目標	
		希望得到更多的權利或者回報	
		長期不變的工作環境使個人的精神疲憊	
		純粹的技術學習者	淘汰
熟　練 工作者	熟練工作者專業技術掌握時間過長	對現在的技術程度滿意	督促
		缺乏發現型的思維方式	
	熟練人才流失	想學，無人可教	督促、激勵
		對自己的後期發展目標盲目	

除了以上人員的問題，還有存在生產的幾點問題：

①激勵機制不完善。

②生產主管對人員培養不夠重視。

③生產主管的權力沒有部份下放。

2.實施連坐式督促考核管理

對於以上問題可採用連坐式督促考核管理，具體的督促、激勵辦法如下：

①下放熟練工作者的考核權給技術專家。

②以報酬權為支持，促進技術專精人才發現問題，改善流程，創新產品，使之成為企業的文化風氣。

③組成學習團隊，實行雙向連坐考核，促進團隊互助，縮短熟練

工的專業技術學習時間。

　　④實行準幹部提拔制，減少技術專家的情緒問題。

5 員工培訓的內容

1.技術知識培訓

　　根據員工所從事的工作來進行，例如：關於產品的技術知識；關於設備的技術知識和某些通用的技術知識(如原料、材料、標準件、標準等)。

2.工作技能培訓

　　根據員工所從事的工作，對其工作技能進行培訓，例如：操作技能、管理技能、溝通技巧等。

　　原來人們所理解的技能，往往只局限於操作技能。事實上，對相當多的員工來說，管理技能、溝通技巧可能更重要。

3.品質意識培訓

　　品質意識培訓包括兩個方面：一是滿足客戶和其他相關方需求和期望的重要性；二是未能滿足要求將造成的後果。生產主管透過對員工進行這方面內容的培訓，使員工牢固樹立「品質第一」，從而為品質管理體系的建立和運行奠定基礎。

4.品管知識培訓

　　根據員工所從事的工作來安排具體的品質管理知識內容，並且讓員工接受品質管理知識培訓。

6 對部屬的培訓方法

1.作業的教導法

對於一次教不完的長作業，必須配合學員的能力，分成一個個階段，每次教一個階段。表 16-7 是其中的一個例子。

表 16-7　發貨作業

單位	操作內容	使用階段
第 1	打包機器的構造和安全操作（點檢）	1、2、3
第 2	產品集中與點數	2、3
第 3	放入盒子和打包操作	2、3
第 4	填寫發貨單與交給發貨點	2、3、4

2.在生產現場的教導法

在生產現場裏，學員們很難聽清講話，因此，指導者必須注意下面的事項。

⑴使用圖紙、掛圖、照片、模型或寫給學員看。

⑵儘量減少一次要教的量。

⑶充分留出各個順序之間的間隔，反覆多次地教導。

⑷在不得已情況下，也可以帶領學員到安靜的地方去進行說明。

3.感覺、竅門的教導方法

⑴感覺的教法

據說教導感覺是非常難的事。可是，從開始把那裏的什麼是直覺教導給學員的話，比起不教要快幾個階段，能夠容易使其掌握。總之，

在一開始就有必要使其牢牢掌握對正確東西的感覺及程度。

①讓學員拿實物

「××的狀態好。××發出聲音時，是……的狀態」像這樣，使其體會正確的狀態。

②對學員

要求其做得同道具一樣，讓學員從頭做起。

③指導者要觀察其結果是否合適

正合適的話，就表揚；不合適的話，進一步使其一邊調節，一邊體會正確的狀態。

⑵竅門的教法

竅門是伴隨著動作的，因為熟練者精通那項工作，所以幾乎沒意識到竅門。所以，對竅門的細小動作進行分析、研究，並對其流程、要點進行指導就可以了。

心得欄 _____

_____

_____

_____

_____

_____

7 生產線新員工的培訓方式

新員工是指生產線新近錄用的人,也指轉換工作崗位尚未熟練掌握工作的人。

新員工的教育訓練是基層管理人員最重要的工作。好的訓練方法能夠讓員工掌握工作崗位的基本要求,培養端正的工作態度和作風,能夠發現和判斷品質方面異常,是高品質、高效率生產的基礎。

指導新員工有以下基本步驟:

1.消除新員工的心理緊張

剛開始時,新員工心裏高度緊張,生怕做錯了什麼,如果培訓人員也板著臉的話,那新員工就不知手腳該往那裏放好,結果越緊張越錯,越錯越緊張。可先找一兩個輕鬆的話題,消除新員工緊張心理。新員工心理一旦放鬆,培訓也就容易進行了。

2.先解說示範

將工作內容、要點、工作環境逐一加以說明,待新員工大致有印象後,實際操作一遍做示範,解說和示範的主要目的是讓新員工在腦海裏有個印象。此外,還應留意以下幾點:

⑴如有危害人身安全的地方,應重點說明安全操作規程或求生之道;

⑵儘量使用通俗易懂的語言,如有疑惑時,要解答清楚;

⑶必要時多次示範。

3.讓其單獨做

做完一步,就讓新員工跟著重覆一步,每一小步的結果都進行比

較，若有差異，要說明原因在那裏，反覆進行多次後，可單獨讓其試做一遍，此時要站在一旁觀察，以備不策。另外，還應留意以下幾點：

⑴每進步一點，都要立即口頭表揚，消除新員工緊張心理和增強其自信心；

⑵關鍵的地方讓其口頭覆述一遍，看其是否記住；

⑶觀察時動口不動手，讓其自行修正到 OK 為止。

4. 確認和創新

⑴作業是否滿足《作業標準書》的要求？

⑵能否一個人獨立工作？

⑶有無其他偏離各種規定的行為？

新員工能夠獨立工作後，對最終結果要反覆確認，直到可「出師」為止。傳授新員工技能後還不能算結束，還要鼓勵新員工創新改革。

有的主管怕新員工超過自己，留上兩手「絕活」不外傳，這是一種很保守的做法。如果該教的不教，關鍵部份要自己動手才行，那麼自己要是不在的話，誰來繼續這些工作呢？無人接替自己的話，自然也就沒有升遷的機會。

為了實施好每一步，有時得花上幾天、幾個月，甚至幾年時間，沒有耐心是教不出好「徒弟」的。

8 生產線新員工的指導項目

1. 公司員工須知

如《員工手冊》、《品質方針》、《行動指南》、《廠規廠紀》、各部門位置、組織結構、負責人等，要詳細地告訴新員工。

2. 公司員工必做

如整潔的穿著，上司、前輩的應對禮節、辦事禮儀、同事關係處理要領、上下班要領、辦理公司財物手續、貴重品的拿取、6S 活動等，不說新員工不知道，更不會正確遵守。

3. 有關工作的基本知識

擔當該工作要具備那些知識，如何接受指示和命令，如何向上司報告，如何向有關部門和人員傳達資訊，遵守作業標準的重要性、PDCA 循環手法。

4. 必會基本技能

工具、勞保用品、防護用具、消防器具及電話、傳真、複印、電腦等辦公設備的使用方法。

5. 產品知識

本公司的主要產品及工作原理，服務範圍，物料管理等知識。

6. 其他

另外，如出現下述情況也需要重新對員工進行訓練。

⑴因升職，調配而引起的職務變動；

⑵工作的做法(方法、工序、材料等)發生變化時；

⑶變更生產及業務計劃時；

⑷存在安全隱患，為了謀求徹底的安全作業。

9 要確認培訓效果

　　沒有反省也就沒有進步。表 16-8 是《自己教導法的反省檢查表》，教完員工以後，隨時用這個表，在好的地方畫〇號，不好的地方畫×號進行反省。如果畫了×號的話，下次教的時候，要充分注意，防止疏忽。

表 16-8　反省檢查表

反省檢查教導的準備：
1. 作了訓練預定表嗎？
2. 進行操作分解了嗎？
3. 材料、零件、工具等是否放在操作場所的正確位置上？
4. 準備好機械、工具了嗎？
5. 做好教導的準備了嗎？
6. 裝束，態度是否端正？
第一階段　學習準備
1. 使學員放鬆了嗎？
2. 把學員介紹給附近的操作員了嗎？
3. 講了操作名稱了嗎？
4. 讓學員看成品了嗎？
5. 是否確認了學員對該項工作的瞭解程度？
6. 是否使學員對操作感興趣了？
7. 給學員安全裝置，包裝工具，並就其進行了說明，給予了提示嗎？

8. 關於這項工作和整體的關係敍述了嗎？

9. 是否讓學員位於能夠看見工作的正確位置？

第二階段　操作說明

1. 根據操作分解教導的嗎？

2. 說明順序時，分開間隔、階落，說給學員聽，做給學員看了嗎？

3. 強調要點了嗎？教導要點理由了嗎？

4. 寫給學員看了嗎？

5. 對於沒聽慣的語言及專門語，是否未加說明就使用了？

6. 對事先沒有準備的事，是否道歉或進行解釋了？

7. 是否用能夠聽清楚的聲音講話了？

8. 是否有耐心地進行教導了？

第三階段　讓學員做做看

1. 是否不做聲讓學員從頭到尾操作一次確認是否有錯誤？

2. 有錯誤的時候，馬上進行糾正了嗎？

3. 讓學員再重作一次，回答操作順序了嗎？

4. 學員是否真正理解了要點、理由？

5. 是否使用過「為什麼」這樣的提問？

6. 一部份再操作中，是否有需要重教的部份？

7. 操作理想時，是否表揚過學員？

第四階段　觀察教導後果

1. 是否安排了不明白的時候，要問誰？

2. 比起操作量是否更強調了質量？

3. 是否經常監督過？

4. 是否鼓勵學員提出問題？

　逐漸減少了指導次數？

第 十 七 章

生產主管的管理技巧

1 新進員工流動的防範

對於很多生產現場來說，員工經常會處於流動狀態。很多情況下，新員工只在有些公司幹一兩個月就會辭工。

新員工流動，儘管有種種所謂的個人原因，但很多還是因為不能儘快適應崗位工作，沒有成就感、不能很好地融入團隊等原因造成的。

新員工流動的因素是什麼呢？生產主管作為生產新員工的直接管理者，必須對新員工的流動原因及相關對策有所瞭解。

1. 新員工流動的高峰段

根據調查，在一般員工的三個離職高峰期，試用期前後是其中之一，稱為新員工危機期。在這期間，新員工發現工作性質或工作量超出他們能力或者是與老闆不和，就會立刻萌生去意等。

有調查表明，50%～60%的員工在工作的前 7 個月中變動工作。新員工在正式上班的第 1 天到第 180 天這段期限內發生的流動為新員

工的流動期限。

2.新員工流動的原因

⑴忽略新員工的第一感受

這一現象在眾多的企業中比較普遍,是導致新員工產生現實衝擊的最直接因素。

新員工開始一份新的工作幾乎就像任何一個重大決定,作出決定之後,就尋找種種根據來確保自己作的是正確決策。當發現那怕只是一個很小的期望沒有實現時,也會產生被出賣的感覺,害怕企業不履行合約了。許多新員工在第一天上班就開始尋找跡象來證實自己的決定是正確的。而這種尋找往往是通過「感受」來進行的。因此,當新員工抱著美好的憧憬和滿懷的熱情踏進新的企業時,他往往希望他的到來能受到企業管理層和部門同事的歡迎和重視,看到他所要開展工作的硬體設施已配置好。但許多企業往往忽視新員工的這一感受需要。管理層對新員工的到來若無其事,不作一點安排或準備。這讓新員工感到從保安登記開始到企業的接待小組到部門,他的到來大家都不知道,他的「突然」出現在「打亂」大家的正常工作安排。

⑵錯誤地歡迎新員工

目前許多企業的管理人員在「歡迎」新員工時犯了如下幾個錯誤,使新員工耿耿於懷,對新工作沒有一點好感。這些錯誤包括:

①以流水線方式不停歇地讓新員工瞭解企業情況。

②在新員工到來第一天之前,還沒準備好作業用品。

③忽視新員工,或隨便讓他們去讀公司手冊,而沒有一對一式的交流。

④把新員工瞭解企業情況的過程完全交給人力資源部門管理。

⑤沒讓新員工的生產主管給新員工定出具體的業績目標。

(3)對新員工不夠重視

對新員工的到來，生產主管沒有提前做任何準備，導致新員工無法開展工作。

(4)隨意變更新員工的工作

這種變更，包括工種的變更，也包括工作內容的變更。

(5)工作崗位描述不清或工作壓力過大

有些企業在招聘期間，要麼沒有崗位職責描述，要麼自己根本說不清該招聘崗位的職責究竟包含些什麼。到了新員工報到後，就任意地給新員工加碼。許多老員工也往往欺負新員工，將自己手頭上的繁雜事務「託付」給新員工或讓新員工無故受過，使新員工感到體力、精神疲憊不堪。

(6)人際關係複雜

複雜的人際關係是目前企業內員工流動的重要原因之一。

(7)企業的文化和價值觀衝突

新員工進入一個有一定歷史的企業，必將受到新企業的文化、價值取向的衝擊。如果企業在新員工引導方面缺乏這方面的重視，必將使新員工遭受「企業文化休克」。

(8)工作缺乏挑戰性

企業分配給新員工的最初工作缺乏意義和挑戰性。

現在的員工很多是職業技術院校的畢業生，生產主管在給新員工安排工作時如果將枯燥、繁雜的工作分配給新員工，或讓新員工長期承擔一些簡單的工作和任務，這樣做往往會磨滅新員工的工作熱情，導致新員工感到自己是「大材小用」，不能發揮自己的特長。

(9)企業對新員工缺少要求

最初表達的期望對一位新員工的工作表現有決定性的效果。如果生產主管期望新員工有高品質的表現，並且同時用話語和行動表達出

來了，就會從新員工那兒得到高品質表現的可能性。生產主管期望越高，對自己的新員工越信任、越支援，新員工就幹得越好，工作品質就越高。但許多企業的生產主管在新員工報到後往往沒有對新員工提出嚴格的要求或期望，沒有績效目標和考核，對新員工聽之任之，實行放羊式管理，讓新員工在新環境中自生自滅。

3.新員工流動的防範措施

(1)瞭解新員工心中的問題

在新員工加入企業後，生產主管應圍繞新員工關心的問題做充分的準備，並為他們關心的問題提供積極有效的答案。新員工在加入企業時，心中常常自問的問題有以下幾個：

①我是否受歡迎和重視？

②我的工作對企業的那些方面很重要？

③企業對我的具體期望是什麼？

④我在這裏能學到東西、不斷發展，並受到挑戰嗎？

(2)關心新員工

要加強對新員工工作和生活等方面的關心和感情培養。這可以使新員工產生被重視、不被忽略的感覺。同時，對於企業在招聘中的承諾要儘快兌現。企業在新員工加入後頭幾天的「關心」做法會讓新員工產生意外的驚喜，鞏固新員工加盟企業的決心。

(3)做好新員工的歡迎工作

新員工在報到當天一踏入企業就受到有效的歡迎，並讓新員工有成為團隊一員的感覺。因為新員工受聘報到的當天以及在隨後的幾天內在企業內的所見所聞以及對工作場所和工作氣氛的實際感覺會鞏固或動搖新員工當初的選擇。

同時，由於新員工的工作受到家庭、親朋好友和過去同事的關心，新員工在新企業的新感受和對企業的印象，在新員工加入企業後

的最初幾天內同樣受到他們的關心。如果企業做好了上述方面的工作，必將提高企業在當地社區的形象和聲望，為企業在今後找到更優秀和更合適的人才打下了基礎。

(4)加強對新員工的培訓引導工作

生產主管應加強對新員工的培訓引導工作。對新員工沒有耐心，指望他們「落地就能起跑」是不切實際的。

(5)嚴格要求新員工

對新員工管理嚴一點，是為了新員工能養成良好的職業素養。在新員工開始探索性工作的頭幾個月中，應當為他或她找到一位受過特殊訓練、具有較高工作績效並且能夠通過建立較高工作標準而對自己的新員工提供必要支援的人員，比如新員工的直接領導——生產主管。

(6)為新員工提供「師徒制」機會

利用一位在某一領域富有經驗的員工(即師傅)來培訓和教導新員工(即徒弟)。通過這樣的個人化重視，及時將新員工所要的信息、回饋和鼓勵等通過「師傅」來傳達給新員工。而新員工也能在盡短時間內掌握崗位和其他必要的信息。全球最大的零售商沃爾瑪為了幫助新員工在前 90 天裏適應公司的環境，就分配公司的一些老員工給他們當師傅，並且分別在 30 天、60 天和 90 天時對他們的進步加以評估。這些努力降低了整個公司 25%的人員流動，也為沃爾瑪的進一步發展賦予了新的動力。

2 處理好員工之間的衝突

員工與員工之間時常會因為工作上或生活上的事情而發生衝突，生產主管如不能合理地解決他們之間的衝突，有時這種衝突會嚴重危及生產良好的人際氣氛。

通常，員工看起來是在為一些雞毛蒜皮的小事情而鬧矛盾，但你切不可對這種小矛盾等閒視之。這種事情可能涉及自我領域、自尊以及地位的爭鬥，這時候就沒有那件事是無足輕重的了。儘管口角會經常存在，但你要把握好解決的尺寸，要適度才行。

1. 儘量接近下屬

你可以通過如下方式來達到這一點：儘量自己接近下屬，通過與他們的交談來瞭解工作的進展或是遇到的麻煩。

做這種讓下屬能接近的上司，必須能夠仔細聽取他們的意見，能夠重視一些細小的事情，處處體現出對他們的關切和在意。去瞭解事情的進展意味著要通過積極的詢問來獲取信息。看是否有人需要幫助或努力去發現一些細小的變化(如有的下屬使勁敲門、亂扔工具或者大聲叫嚷、遲到等)，因為這些蛛絲馬跡中可能蘊藏著矛盾衝突。所以你最好在問題嚴重之前就解決它，尤其是這種涉及多位下屬的問題。

沒有人願意生活在不愉快的環境之中，一個有問題的員工可能會導致整個工作氣氛令人不愉快。假設你有兩位下屬經常爭吵，那麼你就有必要去弄清這種爭吵是一種友好的爭吵還是暗中帶刺相互中傷的爭吵，是一種用於閑極無聊時解悶逗趣的方法還是開玩笑的嘲諷，

如果屬於後者，你便要作為中間人去加以調解了。

2. 合理應對下屬衝突

有人很害怕出現矛盾，因而當矛盾出現時便不惜一切代價去消除它；也有的人只對爭論和衝突情有獨鍾。

並非所有的衝突都是不利的。有時，一些意見上的分歧是十分必要的。如果人們認為持異議或不贊同是一件很自然的事情，並且不是把爭論看作一種威脅而是看作一種健康的行為，那麼企業就會因此受益匪淺。因為，如果我們對什麼都保持一致，就不會有挑戰，不會有創造性，也不會有相互的學習和提高。例如，如果兩位下屬就某一問題的最佳解決方案爭得面紅耳赤，這時候你要表現出對他們這種認真態度和敬業精神的贊許，你可以得出一個實際可行的折中辦法，或者從一個特殊的角度來發現解決的妙方。

3. 公正解決糾紛

當下屬之間產生矛盾時，你面臨著一個選擇。要麼你扮演生產解決問題的人的角色調節矛盾，要麼協助下屬商討出使雙方都能滿意的解決方案。精明的生產主管只要有可能都會選擇後者，在整個過程中幫助下屬提高將來在沒有干預下自己處理矛盾的技巧。

從今以後，生產內部無論何時產生矛盾，牢記第一反應都應如此：「讓我們先聽一下各方的理由然後再試圖解決」，而不是先決定你站在誰一邊而支持他。

一定要記住，挑動一位下屬對付另一位下屬，不管在任何情況下都不正確。有些生產主管有意想把一位下屬開除時，會利用別的下屬的協助，「鼓勵」那位不合格的下屬在給他另派任務或把他解僱之前，讓他主動離開。對付那些不聽話的下屬是你作為主管的分內之事，和別的下屬無關。

儘管在生產現場總會有一些你認為是心腹的下屬，與其他下屬比

起來你更信任他們，甚至言聽計從，但是別忘了，不要讓這種偏愛左右了你在處理生產成員之間的分歧時的決定，這才是最重要的。生產現場的每一位成員都在為整個團隊作出貢獻。

有時候，當下屬之間發生矛盾時，生產主管就會不可避免地陷入更喜歡誰而不喜歡誰的旋渦之中。但是，為了發掘生產現場最大限度的工作能力，最好的辦法是對每位下屬一碗水端平，避免顧此失彼。需要認識到每位下屬都有和別人的不同之處，有不同的喜好和價值觀念。但你可以相容並蓄，讓每位下屬都知道你在像支持別人那樣支持他。當下屬知道自己被賞識時，往往更賣力。

3 如何處理主管本身與員工的衝突

在某些情形之下，員工之間會引起互不相容的反應，這樣就構成了衝突，使得受害者左右為難，受到極大的困擾，甚至傷害了身體。

令人愉快的人際氣氛是高效率工作的很重要的影響因素，快樂而尊重的氣氛對提高員工工作積極性起著不可忽視的作用。如果在工作的每一天都要身處毫無生氣、氣氛壓抑、衝突四起的工作環境之中，那麼員工怎麼可能會積極地投入到工作中呢？

生產主管如果能夠掌握創造良好人際工作氣氛的技巧，並將之運用於自己的工作中，那麼生產主管將會能夠識別那些沒有效率和降低效率的行為，並能夠有效地對之進行變革，從而高效、輕鬆地獲得創造性的工作成果。

生產主管和生產員工之間矛盾衝突的產生通常是因為對工作有

著不同的標準和期望。

很多生產主管都遇到這樣的情況：本來一件無可非議的事情，想也沒有想到，下屬會那樣的抵觸和抗拒。在工作中，上下級之間難免會發生一些不愉快的事情，產生一些摩擦和碰撞，引起衝突。這時候，如果處理不當，就會加深鴻溝，陷入困境，甚至導致雙方關係徹底破裂。那麼，一旦與下屬發生衝突該怎麼辦呢？通常情況下，緩和氣氛、疏通關係、積極化解，才是正確的思路。

1. 生產主管如何走出衝突

關於衝突關係最重要的一件事，是要知道如何才能阻止衝突。這裏，我們給出幾方面的指導原則：

①學會認識衝突。當你看到一種能夠作出預期的溝通方式時，你就可以肯定那裏正在發生一場衝突。

②對你自身的感覺要有所注意。你的內心世界正在發生什麼變化？你的肌肉緊張起來了嗎？你覺得餓了嗎？你感到生氣嗎？或者是，你覺得沮喪嗎？總之，不要不重視你的感覺。

③觀察一下你週圍發生的事情。一旦你找回了你的現實感，你就可以更好地把握你的感覺。

④尋找你自身的真實感覺。對你自己說，現在我覺得（很不好）。

⑤問你自己為什麼有現在這種感覺。問問自己：我想找回原來的感覺嗎？我希望覺得自己是一個虐待者、拯救者或者受害者嗎？

⑥對消極的後果加以抑制。如不一定要解僱故意找荐的員工，因為那正是他所希望的。

⑦積極地去聽，並對你所感覺到的和想要做的事情作出決斷性的反應。

⑧暫時把某一問題擱置起來，先來解決人們心理上的問題。

⑨對某個人提供幫助，只要他同意接受並希望獲得幫助。

⑩接受其他人的幫助，如果你真的希望得到而且需要它的話。

總之，最好的解決衝突問題的辦法，便是讓你的自我狀態發揮作用。首先，要意識到究竟發生了什麼事情，要從組織的整體角度出發，找出最重要的問題。其次，運用一些阻止衝突的辦法去具體操作，最終建立一種建設性的人際關係。

2. 如何處理主管與下屬的不愉快

你希望下屬能夠儘快地完成工作，而下屬認為你太不現實，因而導致你很失望，他也十分灰心；另外一位下屬希望你能為他提供更好的工作條件，而你沒辦到，於是他生氣，你也不知該怎麼辦。有一位下屬對你十分粗魯；還有一位下屬總是不合適地奉承你。你該如何處理與這些下屬之間存在的不愉快的事情呢？

①必須弄清這種衝突是什麼。

②要找出導致這種衝突的原因。

③必須正視所要克服的障礙。

④要檢測一下所採用的方法是否能有效解決這一衝突。

⑤應當預見到事情的結果，不管最終是否能解決這一矛盾，對其結果的可能情況應心中有底，不至於到時手足無措無以應對。

為了更好地說明這五點，讓我們來看看下面的例子：

小趙的工作總是很遲緩，她經常連最低要求也達不到。你已經與她談過，並且仔細地觀察她的工作，給她提了一些良好的建議，但這一切都無濟於事。你每一次與她談及工作時她都感到沮喪不安。要弄清這種矛盾，你必須明白這種矛盾的產生在於你和小趙對工作有著兩種不同的標準。

①在這裏，問題的關鍵在於你必須引起她對此事的高度重視。

②障礙看來似乎是小趙不願意與你談及她的工作，或者她的確沒有能力把工作做得更好。

③你可選擇的解決辦法是：對小趙進行專門培訓，提高她的工作能力，或是降低期望。如果把這一矛盾置於一邊不予理睬，則可能使你總感到不滿意。但如果面對這一矛盾的話，一方面可能會使小趙的工作得到改進，她也能與你進行更好的溝通；但另一方面，也可能會導致她辭職或被辭退。要回答的問題是：你是否願意冒這個險呢？

否則，你就只能讓這一矛盾繼續存在下去。

4 生產團隊的衝突階段

一個卓越的生產團隊領袖不僅意味著具有嫻熟的技術知識與將投入轉化為產出的必要能力，還需要在個人之間、群體之間，具備與同事、上下級、客戶和睦相處的能力，並幫助團隊駕馭變化。在團隊生存與發展所需的各種能力中，解決衝突的能力與技巧可能是其中最重要的。要想將衝突轉化成一種良性的溝通或激勵，必須瞭解埋伏在衝突背後的真正誘因，從而對症下藥，找到合理的解決方法。

在團隊當中，衝突倘若能得到妥善的處理，便會成為團隊進步的有效激勵因素。

人分三六九等，脾氣各不相同。任何團隊內部難免有一兩個富有個性的員工，對於他們，生產主管需重點注意安撫。一旦發生衝突，應理解他們的內心想法與激烈情緒，對此應正確疏導，而非用權力去壓制。等其安靜下來之後，可用試探性的提問獲知衝突的根源，再給予其支持性的話語，確認問題所在，共同探討衝突解決之道。

身為生產主管，你必須明白，當衝突雙方來找你解決問題時，你

的調停者角色一定要飾演到位，要著力避免出現這些情況：自己的情緒比衝突雙方還激動；以工作繁忙為由，把問題推給別人；對一方表示贊同，從而引起另一方的不滿；不問緣由雙方各打五十大板；自己沒想法，沒言語，出現冷場；表現出不耐煩、不高興的情緒；弱化問題的嚴重性；阻止對方的陳述與宣洩，讓他們冷靜以後再來解決；在處理衝突過程中，轉換了話題；導致雙方都攻擊你。只有有效地解決有害的衝突，整個團隊的績效才會有更大的發展。

1. 團隊人員衝突化解上上簽：溝通為主

例如團隊中的項目設計部與銷售部，由於職責不同，有可能產生對立，但是這並不能推導出兩個部門人員情緒上就是對立的。然而在項目的實際運作中，雙方由於認識上的不一致，衝突不斷發生。小的衝突是雙方司空見慣的，一般爭論過了就過了，下次照樣討論或者爭論，並不影響工作進展，這說明雙方都對自己的工作認真負責。因此有這方面經驗的同行也都能夠理解對方，達成默契，認同此種溝通方式。但是倘若衝突發展到雙方不願意解釋自己的觀點，互相挑對方話語中的毛病，甚至乾脆破罐破摔，這就會影響到工作進展，團隊主管必須出面調停已經處於冷戰或者熱戰狀態的雙方。

2. 上下級衝突化解上上簽：流程再造

這類衝突的原因多為下游對上游的工作品質不滿，多次旁敲側擊、私下提醒均無效，就會一竿子捅到雙方管理者那裏。衝突的根源主要在於上下游職責不明，所以會有雙方的互相推諉、扯皮，甚至指責。雙方管理者務必在傾聽各自陳述緣由的時候，去除由於感情色彩而引發的衝突細節，而關注「如何把事情做好」這個主題。在把流程理順，職責分明白之後，再加以調解個人情緒，應該是不錯的結局了。當然，有的問題也不是一次就能夠準確找到好的流程，可以一了百了。衝突事態發展出現了週期性，流程的改進也在不斷的發展、完善，

直至實踐證明其流程確實很有效，就可以將這個流程固定，加以控制。倘若經過了多次流程的改造、調停都難以使工作達到要求，那就換人。

　　團隊之間常常產生衝突的原因不外乎包括目標與認識上的差異、職責權限模糊、利益不能滿足以及不良的團體作風。

　　要解決團隊之間的衝突，首先需要清楚團隊之間以前發生過何種糾紛，原因在那裏，所涉及的問題有那些，最後採取怎樣的方式解決了遺留的問題。接下來，主管需要考慮自己能為衝突的妥善解決做何種努力，並積極主動地從自身找尋原因。需要注意的是，一定要從企業的整體利益上來處理團隊之間的衝突，使雙方都為解決衝突做出努力。

3.團隊衝突化解上上簽：雙方自行解決

　　因為雙方同在一個組織工作，日常接觸最多，彼此比較瞭解，對產生矛盾的根源，對怎樣一步一步上升為衝突的過程也心知肚明。倘若能夠捅破那層紙，直接開誠佈公地交流，以工作為重，就有希望解決。而且，倘若能夠自己解決問題，也能夠將破壞性減到最小，也不失為挽回局面的一種方式。否則，鬧得不可開交，勢必影響以後的長期合作。作為團隊主管，在對待此種長期合作的人員之間的衝突，最適合的策略便是儘量讓衝突雙方自行解決，達成共識，能不介入就不介入。這樣的衝突倘若能夠自行解決，無疑雙方可以增進瞭解，也能夠為對方著想，體諒與尊重對方，雙方在待人接物、和人溝通、協作上的成熟是必然的。

5 如何應對舊同事的刁難

當你成為生產主管後，當初在一條生產線上共患難的同事，如今則變成了你的下屬。看著你的升遷，有些原來的同事會因種種原因刁難你，礙於情面，你會不知如何應對這種情況，但為了生產任務的完成，你又不得不採取一些必要措施。那麼，如何應對這類員工呢？

通常來說，舊同事的刁難，主要是嫉妒心理作祟的緣故，並無實質性的利益衝突，一般表現為不搭理、不配合、不理睬。這時候完全取決於你的心態和處事方式，處理得好，你的前路將越來越寬；否則，你將只能越來越舉步維艱。

這類衝突，通常在你剛上任之初短暫的平靜之後馬上就會來臨，不過相對於後面的衝突來說，這類基於嫉妒而起的衝突算是「很良性」了。

總的來說，這種刁難，不是太惡意的，對於這種不太嚴重的衝突，怎麼辦？

最好的方法是迴避，迴避不是置之不理，迴避是指不正面衝突，而是側面去融化和消解，因為有更多的眼睛在注視著事態的發展。

1. 應對昔日競爭對手

出現這種現象時，生產主管需要有三種心理準備：自信、大度和區別對待。

對於昔日的競爭對手，最要緊的是讓他感覺到掙回了「面子」。因此，切記「宜軟不宜硬」，對他的敵意和怠慢不以為意，反而更加以謙虛的態度、尊重的語氣，向他委派任務，下達指令，臨了說一句

「這種問題，你是最拿手的了，全靠你了」，效果一定不會差。讓他感覺到你的真誠，是對他失意心情的最大安慰了。

退一萬步講，萬一他不領情，你也贏盡了印象分，即使你處分他，支持率也會上升的。

最忌的就是以硬治硬，還以眼色，逞一時意氣之爭，認為自己現在作為一位上司尊嚴是多麼重要，而他作為一位下屬是多麼渺小，「還以為我是從前的我，不給他點厲害看看，都不知道自己姓什麼」，然後用手中的權力去處罰他。也許你一時贏了一口氣，但你可能輸掉了所有的支持和同情（如果本來是昔日競爭對手無理取鬧），更有甚者，如果上司不支持你的做法，那麼你就連下臺的臺階也找不著了。

2. 應對昔日好友

升任生產主管後，無論你如何地平易或親和，終會有一天必須以工作關係相對，所以自你上任的第一天起，就做好失掉昔日好友的準備吧。

昔日好友為何會故意刁難呢？除了嫉妒心理之外，就是有人為避免沾你的光的嫌疑，從而有意地拉開距離，反應激烈的就會以「故意刁難」來表明立場，與你「劃清界限」，這便是舊同事刁難的第二大原因。

對待這類員工，既然他刻意與你保持距離，你只要記住「一視同仁、公平公正」的原則就對了，反正他要的就是這效果。如果不能，就不偏不倚，就事論事，一定不對他格外施惠就是了。

這時應用的處理衝突的對策是：

①可選擇迴避的方式，不理睬、不處理，當刁難僅是衝著你個人來的時候，迴避可顯示你的氣量。

②採用強制辦法，當刁難損害到你工作的業績時，就要嚴肅處理。

6 生產主管如何與下屬進行溝通

生產主管在日常工作中的溝通主要是針對生產成員，所以尋求與下屬的良好溝通對開展工作極其重要。

在不同的情況下，生產主管要面對各種各樣的下屬，如生產主管年輕，而小組成員都是資深的老員工；小組的組員來源不同，時常有衝突；小組成員沒有工作的積極性和熱情。

在不同的情況下與不同的人一起工作，遇到挑戰時，最重要的是要耐心地去瞭解員工的想法。如果對員工一無所知，那怎麼可能做好溝通呢？生產主管必須瞭解下屬的一般心理。

1.傾聽技巧

傾聽能鼓勵他人傾吐他們的狀況與問題，而這種方法能協助下屬找出解決問題的方法。傾聽技巧是有效影響力的關鍵，而它需要全神貫注與相當的耐心。傾聽技巧由鼓勵、詢問、反應與覆述四個個體技巧所組成。

①鼓勵：促進對方表達意願。

②詢問：以探索方式獲得更多對方的信息資料。

③反應：告訴對方你在聽，同時確定完全瞭解對方的意思。

④覆述：用於討論結束時，確定沒有誤解對方的意思。

2.氣氛控制技巧

安全而和諧的氣氛，能使對方更願意溝通，如果溝通雙方彼此猜忌、批評或惡意中傷，將使氣氛緊張、衝突，加速彼此心理設防，使溝通中斷或無效。氣氛控制技巧由聯合、參與、依賴與覺察四個個體

技巧所組成。

①聯合：以興趣、價值、需求和目標等強調雙方所共有的事務，造成和諧的氣氛而達到溝通的效果。

②參與：激發對方的投入態度，創造一種熱忱，使目標更快完成，並為隨後進行的推動創造積極氣氛。

③依賴：創造安全的環境，提高對方的安全感，而接納對方的感受、態度與價值等。

④覺察：將潛在「爆炸性」或高度衝突狀況予以化解，避免將討論演變為負面的或具有破壞性的。

3.推動技巧

推動技巧是用來影響他人的行為，使之逐漸符合自己的議題。有效運用推動技巧的關鍵，在於以明白具體的積極態度，讓對方在毫無懷疑的情況下接受意見，並覺得受到激勵，想完成工作。推動技巧由回饋、提議、推論與增強四個技巧所組成。

①回饋：讓對方瞭解你對其行為的感受，這些回饋對人們改變行為或維持適當行為是相當重要的，尤其是提供回饋時，要以清晰具體而非侵犯的態度提出。

②提議：將自己的意見具體明確地表達出來，讓對方能瞭解自己的行動方向與目的。

③推論：使討論具有進展性，整理談話內容，並以它為基礎，為討論目的延伸而鎖定目標。

④增強：利用增強對方出現的正向行為（符合溝通意圖的行為）來影響他人，也就是利用增強來激勵他人做你想要他們做的事。

4.與下屬溝通的基本原則

生產主管要想成為成功的管理者，獲得更大的進步，就必須學習與下屬溝通的一些基本原則。

管理學提出一些溝通技巧，可以幫助與員工發展或維持友好合作、群策群力、有建設性的工作關係。

(1)維護自尊，加強自信

自信就是「對自己感到滿意」，通常對自己有信心的人都會表現得有毅力、能幹而且易於與人合作。他們較樂意去解決問題、研究各種可行的方法、勇於面對挑戰。

要維護員工的自尊，小心避免損害員工，尤其在討論問題的時候，要針對事而不針對人，便可維護員工的自尊。讚賞員工的意見、表示對他們的能力充滿信心，並把他們看作能幹的獨立個體，這些都可以加強員工的自信。

(2)專心聆聽

聆聽是雙方溝通的關鍵。表示瞭解員工感覺，可令員工知道你能體會他的處境。在細心聆聽之餘，再表示關懷體諒，就可以開啟溝通之門。

要讓員工知道，你正在專心聆聽，同時也明白員工說話的內容和員工的感覺，使員工願意表達內心的感覺，對於解決困難有很大的幫助。

(3)要求員工幫助解決問題

現在的員工不但有熟練的技巧，而且一般都很熱心地把一技之長貢獻給群體。事實上，他們對本身工作的認識，比任何人都清楚。因此，要求員工幫助解決問題，不僅可以有效地運用寶貴的資源，而且可以營造一起合作、共同參與的氣氛。事實上，並非所有的意見都是可行的，如果真的不可行，要對員工加以解釋，並請員工提出其他方法。當下屬或組員同意把構思付諸實行時，應該給以支持，並隨時提供幫助。

使用上列及其他溝通技巧，對於成為一位成功的管理人員是十分

重要的。這些技巧可更快捷地解決問題、把握機會、建立一個群策群力、生產效率高的小組。

7　生產主管如何協調好各部門關係

生產主管的合理角色是一個協調與管理者，工作是接受任務，然後計劃並組織部門同事協作完成。因此，生產主管的職責就是按輕重緩急來計劃、實施每項任務，並整合人力、時間、費用與工作內容等。

簡言之，協調的意義不僅包括目標與觀點的共識，還包含問題意識與職務意識的鼓舞及士氣的提升。

協調就是指管理人員為調整大家的工作方向，達到觀點、理念的基本一致，或者為了更好地完成任務，而對某一特定問題與有關人員聯繫，彼此交換意見，藉以保持雙方的和諧與融洽。

1. 要有高度的自信心

這是堅持要求的心理基礎與前提。自信就是既相信自己的要求合理、合情、合法，又相信別人一定會考慮自己的要求。

2. 避開拒絕的鋒芒

人們在堅持要求時，常見的錯誤有以下幾種。

①質問拒絕的原因。一個勁地問：「為什麼你不同意呢？」「我的要求不是很合理嗎？為什麼不答應呢？」「你完全可以答應我，為什麼不呢？」這種說法給人的印象似乎是拒絕得沒有道理。

②抱怨自己。如說：「唉，我知道你不會答應我的。」「哼，我這個人你看不上眼呀！」這種說法看起來是自責，實際上是抱怨別人。

③攻擊、埋怨他人。如「你這個人怎能這樣？」「我與你這麼要好，這麼點小小的要求都不能答應，」甚至有時候直接攻擊別人的人品。

④威脅、恫嚇他人。如「不行，這項任務一定要完成，不然就扣發獎金！」「如果你不答應我的要求，後果你看著辦吧。」

以上做法有幾個共同特點，都認定別人拒絕自己的要求是無理的，並針鋒相對。這種做法的後果就是直接造成雙方的對抗態勢，反而會把關係弄僵。堅持要求的第一個要領就是避開他人拒絕的鋒芒。

3.要有靈活多變的策略

在「提出要求—拒絕要求—堅持要求」的結構中，堅持要求是「要求」的延續，但不應該是「要求」的簡單重覆。

「重覆式」的堅持要求時常可見。這種方式不但無效，而且使人心煩。而堅持要求的恰當行為則應是變換要求的角度、方式、口氣等，就能取得較好效果。

4.要解決他人拒絕時提出的理由

堅持要求時，好的方法並不是去直接反駁他人的拒絕，而是接過他人的拒絕話語，加以「軟性」處理，化解他人的拒絕。

①理想的表達方法(表 17-1)。

表 17-1　理想的表達方法

基準	要點	注意事項
理解他人	1.注意他人心態 2.考慮他人的性格 3.使其心情輕鬆 4.不使他人感到壓力、不安與緊張 5.有使他人瞭解的心理準備 6.保持和諧氣氛，不要只顧表達自己的意見	1.要引發他人的興趣及關心 2.不要使他人產生防衛的心理 3.須表達熱情與誠意 4.不要情緒化 5.須符合他人的理解程度

續表

掌握時機適當	1. 考慮正式探討主題的適當時機 2. 話題內容不宜操之過急	
措辭適當	1. 不使用艱澀難懂的言辭 2. 配合問題性質及當時的狀況進行溝通 3. 措辭內容須段落分明 4. 語調不宜過急	1. 避免語意雙關的言辭 2. 不宜涉及不必要的理論言辭 3. 不用不符合他人習慣的言辭 4. 避免語焉不詳 5. 結尾明確
目的狀況	1. 目的及目標均須明確 2. 須簡潔適度 3. 有明確的層次及要點 4. 具體表示必要程度	1. 應狀況之需，可加入經驗之談 2. 表達方式力求客觀 3. 事實與意見須有區別
其他	1. 確定及預估他人可能會產生的反應 2. 留給他人發問時間	適當運用表情及手勢

②理想的傾聽方法(表 17-2)。

表 17-2　理想的傾聽方法

基準	要點	注意事項
理解他人	1. 態度要親切 2. 毫無拘束心態 3. 全神貫注傾聽他人語意 4. 尊重他人的人格 5. 努力維護他人的立場 6. 控制本身的感情	1. 積極表示關心 2. 儘量消除主觀意識 3. 不要一味堅持個人立場 4. 努力瞭解他人的心理 5. 避免感情用事

續表

| 適當的傾聽方式 | 1. 注意言辭的真意及弦外之音
2. 努力掌握話中要點與條理
3. 發問時須適時適當
4. 不明了時須予以確定 | 1. 不可喋喋不休搶話說
2. 態度謹慎，不宜戲謔嘲弄
3. 儘量不夾雜批判及否定的言辭
4. 不宜貿然斷定是非 |
| 其他 | 1. 需要時，可採取「隨聲應和」的方式
2. 需要時，可夾雜幽默的語氣 | 不可中途打斷他人的話題 |

③理想的溝通方法。

(a)能令他人產生好感的方法(表 17-3)。

表 17-3　能令他人產生好感的方法

要點	注意事項
1. 表示親切的態度	1. 彼此均應保持舒暢心情
2. 表示誠心與善意	2. 注意傾聽他人言辭的內容
3. 盡力保持能與他人站在共同的基礎上	3. 可適當表達幽默的言辭
4. 以建設性的心態互相接觸	4. 不宜被他人的觀念及立場所拘束
5. 對他人所表示的事實與意見應坦誠接納	5. 適當改正自己的觀點及意見 6. 儘量保持公正的態度

(b)傾聽他人的想法及瞭解信息的方法(表 17-4)。

表 17-4　傾聽他人的想法及瞭解信息的方法

要點	注意事項
1. 適當地發問──5W1H 2. 意傾聽，體會他人的感情藉以產生共鳴，不宜過早表示認同 3. 不宜爭辯 4. 力求體會與本身意見不同的他人意見 5. 冷靜思考他人所提意見的理由 6. 保守互相約定的秘密	1. 掌握時機，誠懇表達個人的意見，對他人言辭不作貿然地否定成批評，不輕易提出忠告與建議 2. 儘量掌握說服的言辭及態度 3. 不得有盛氣凌人的態度 4. 不得有卑躬屈膝的態度 5. 掌握整體對話的條理及要點

(c)爭取他人贊同的方法(表 17-5)。

表 17-5　爭取他人贊同的方法

要點	注意事項
1. 闡明理由 2. 使他人瞭解自己的意見及問題所在 3. 他人意見中自己可採納的部份儘量納入於自己方案內 4. 誠意懇請他人合作與援助	1. 應互相確認問題的關鍵性 2. 互相提供資料 3. 對他人的意見及提案應仔細傾聽 4. 針對提案分析其利害及影響，並與自己的方案比較，使他人瞭解自己的方案有利

(d)意見對立、結論內容及目的與自己方案偏離的溝通方法(表 17-6)。

表 17-6　對不同意見的方法

要點	注意事項
1. 對事實再確認 2. 尊重他人的立場 3. 接受上司的裁示 4. 自己與他人意見不同時，可就更高層次之整合性結論進行探討	1. 就彼此的意見進行歸納及整理 2. 使他人對自己的目的與計劃有充分瞭解 3. 盡可能掌握可令他人接納的言辭、態度是關鍵 4. 對難以贊同的意見，須保持冷靜

8 生產主管如何與上司相處

生產主管授命於上司，因而與上司保持良好的溝通是獲得進一步提升的關鍵。有很多生產主管可以贏得下屬的尊重，業務能力也非常優秀，卻無法獲得進一步提升自己，其原因通常就是忽視了與上司的溝通。

1.瞭解上司的管理風格

生產主管要想處理好與上司的關係，就必須清楚上司的職責與類型。根據企業體制與組織結構的不同，其所擔負的職責和管理風格的不同，上司可以分為以下幾類。

(1)宏觀調控型

對工作進行分配後，即放手讓下屬自行安排工作，自己僅是在下屬碰到問題時才出手援助，對於下屬的評價也只是過問結果，對過程及方法不是很在意。

(2)隨機授權型

對下屬的監控嚴格程度是隨著下屬的成熟程度不同而有所不同。對成熟的員工完全放手，對不成熟或不能勝任的員工則予以必要的監控，以保證最終的工作成果。

(3)親力親為型

這種類型的上司不論下屬的能力如何，都不會放手讓下屬去做。事無巨細都喜歡自己去做，也唯有自己親自參與的工作，才會對其結果放心。

2.與上司相處的要點

生產主管與上司打交道時要特別注意以下幾點。

(1)讓上司知道你每天都在幹什麼

這點非常關鍵,第一是尊重;第二避免他滋生出太多的想法。

(2)徵詢上司的意見,以獲得支持

有時明明可以走的捷徑,卻因為忽視了與上司的溝通,而走了彎路,所以在一些問題上多聽一聽上司的意見沒有錯。

(3)只接受一個上司的命令

由於管理體制或工作特性的原因,很多生產主管有多個「婆婆」,為了處理好可能出現的工作衝突,應根據事情的輕重緩急調整工作,有些特別緊急的事可以馬上進行,但這些工作一定要向直接上司彙報,取得他的首肯和支持。因為直接上司如果不知道你在做什麼工作,他肯定不會支持你,而你的工作成績最終是由直接上司評價的,所以要讓上司正面評價你,你首先就要正視和重視自己的直接上司。

(4)多傾聽上司的看法和意見

一些生產主管,尤其是一些資歷較深的生產主管,覺得上司年輕沒經驗,或是剛剛調入,什麼業務也不清楚,問也白問。這種想法特別要不得,一個人能夠成為你的上司,那麼他一定有過人之處。上司得到的信息更多,視野更為開闊,多傾聽他的意見能夠讓你少走很多彎路。從另外一個角度來說,如果你在工作時接納了上司的看法和意見,那麼就會讓上司感到他也參與了這項工作,從而對你的工作會更加重視。

(5)瞭解上司的處境

上司因為承擔的壓力和肩負的責任更大,所以他是從整個團隊的角度來考慮問題,很多決策可能不利於自己的生產,甚至犧牲生產的利益來保證團隊目標的達成。所以,如果我們能從上司的立場和角度

思考和認識問題，就可以多一些理解和共識，減少一些不滿和內耗。

(6)經常向上司報告工作

提到報告工作，很多人都會表示不屑。這也難怪，我們這麼多年來都崇尚埋頭苦幹的美德，報告在很多人眼裏還是邀功請賞、愛表現的代名詞。其實報告工作是非常必要的，因為這樣做有以下幾個好處。

①有助於上司及時瞭解工作。上司很忙，但他也要向自己的上司報告工作，當上司被問到具體工作時，如果一無所知，那麼就會失去信任，一個上司如果失去企業的信任，那麼整個部門的工作都可能受到不公平的評價。

②有助於上司對自己全面評價。當你沒有經常向上司報告工作時，上司對你的評價僅是某一部份的工作成果；當他瞭解你的整個過程時，那麼他對你的評價就不僅是你的工作成果，還包括了整個過程，包括你的智慧、熱情和努力度。

(7)用計劃和數據說話

向上司彙報工作時，應提供真實確鑿的數據，千萬不要用「可能、應該、大概、很、差不多、一點點」等含糊詞語來蒙混上司。另外，與上司探討工作時，要提出完善的打算或計劃，必要時還要提供備選方案，方案之間的優劣長短要進行評價，便於上司正確決策。

(8)要和上司保持適當距離

上司對下屬的關心是不會離開工作目的的。不要天真地以為你有緣能和上司成為朋友，一定要和上司保持適當距離，過分親近上司，會讓別人懷疑你的能力，也會招惹同事的反感和排斥。

(9)改變上司不如改變自己

上司也是人，是人就不可能完美。上司可能存在各種各樣的問題，令你難以容忍。切記一點，從上司的職位屬性和社會心理的規律看，你不大可能去改變他，但是你很容易讓他改變對你的看法。最好

的辦法就是不斷地調整自己，慢慢適應上司的領導風格和行事方式。上司是沒有辦法選擇的，但並不意味著你處於一個完全被動的地位，關鍵是要不斷提高自己的適應能力。

⑽下屬的天職就是協助上司工作

下屬的天職就是協作上司工作，上司能力可能有高有低，對其能力強的方面，我們可以充分學習，對其不足之處，則可以補充完善。但是，有一個原則必須遵守，那就是工作上務必要低調，不可喧賓奪主。

心得欄 ----------------------------------

臺灣的核心競爭力，就在這裏！

經營顧問叢書

25	王永慶的經營管理	360 元
47	營業部門推銷技巧	390 元
52	堅持一定成功	360 元
56	對準目標	360 元
60	寶潔品牌操作手冊	360 元
72	傳銷致富	360 元
78	財務經理手冊	360 元
79	財務診斷技巧	360 元
86	企劃管理制度化	360 元
91	汽車販賣技巧大公開	360 元
97	企業收款管理	360 元
100	幹部決定執行力	360 元
122	熱愛工作	360 元
125	部門經營計劃工作	360 元
129	邁克爾·波特的戰略智慧	360 元
130	如何制定企業經營戰略	360 元
135	成敗關鍵的談判技巧	360 元
137	生產部門、行銷部門績效考核手冊	360 元
139	行銷機能診斷	360 元
140	企業如何節流	360 元
141	責任	360 元
142	企業接棒人	360 元
144	企業的外包操作管理	360 元
146	主管階層績效考核手冊	360 元
147	六步打造績效考核體系	360 元
148	六步打造培訓體系	360 元
149	展覽會行銷技巧	360 元

150	企業流程管理技巧	360 元
152	向西點軍校學管理	360 元
154	領導你的成功團隊	360 元
155	頂尖傳銷術	360 元
160	各部門編制預算工作	360 元
163	只為成功找方法，不為失敗找藉口	360 元
167	網路商店管理手冊	360 元
168	生氣不如爭氣	360 元
170	模仿就能成功	350 元
176	每天進步一點點	350 元
181	速度是贏利關鍵	360 元
183	如何識別人才	360 元
184	找方法解決問題	360 元
185	不景氣時期，如何降低成本	360 元
186	營業管理疑難雜症與對策	360 元
187	廠商掌握零售賣場的竅門	360 元
188	推銷之神傳世技巧	360 元
189	企業經營案例解析	360 元
191	豐田汽車管理模式	360 元
192	企業執行力（技巧篇）	360 元
193	領導魅力	360 元
198	銷售說服技巧	360 元
199	促銷工具疑難雜症與對策	360 元
200	如何推動目標管理（第三版）	390 元
201	網路行銷技巧	360 元
204	客戶服務部工作流程	360 元
206	如何鞏固客戶（增訂二版）	360 元
208	經濟大崩潰	360 元
215	行銷計劃書的撰寫與執行	360 元
216	內部控制實務與案例	360 元
217	透視財務分析內幕	360 元
219	總經理如何管理公司	360 元
222	確保新產品銷售成功	360 元
223	品牌成功關鍵步驟	360 元
224	客戶服務部門績效量化指標	360 元
226	商業網站成功密碼	360 元
228	經營分析	360 元
229	產品經理手冊	360 元
230	診斷改善你的企業	360 元

232	電子郵件成功技巧	360 元
234	銷售通路管理實務〈增訂二版〉	360 元
235	求職面試一定成功	360 元
236	客戶管理操作實務〈增訂二版〉	360 元
237	總經理如何領導成功團隊	360 元
238	總經理如何熟悉財務控制	360 元
239	總經理如何靈活調動資金	360 元
240	有趣的生活經濟學	360 元
241	業務員經營轄區市場（增訂二版）	360 元
242	搜索引擎行銷	360 元
243	如何推動利潤中心制度（增訂二版）	360 元
244	經營智慧	360 元
245	企業危機應對實戰技巧	360 元
246	行銷總監工作指引	360 元
247	行銷總監實戰案例	360 元
248	企業戰略執行手冊	360 元
249	大客戶搖錢樹	360 元
250	企業經營計劃〈增訂二版〉	360 元
252	營業管理實務（增訂二版）	360 元
253	銷售部門績效考核量化指標	360 元
254	員工招聘操作手冊	360 元
256	有效溝通技巧	360 元
257	會議手冊	360 元
258	如何處理員工離職問題	360 元
259	提高工作效率	360 元
261	員工招聘性向測試方法	360 元
262	解決問題	360 元
263	微利時代制勝法寶	360 元
264	如何拿到VC（風險投資）的錢	360 元
267	促銷管理實務〈增訂五版〉	360 元
268	顧客情報管理技巧	360 元
269	如何改善企業組織績效〈增訂二版〉	360 元
270	低調才是大智慧	360 元
272	主管必備的授權技巧	360 元
275	主管如何激勵部屬	360 元

276	輕鬆擁有幽默口才	360 元
277	各部門年度計劃工作（增訂二版）	360 元
278	面試主考官工作實務	360 元
279	總經理重點工作（增訂二版）	360 元
282	如何提高市場佔有率（增訂二版）	360 元
283	財務部流程規範化管理（增訂二版）	360 元
284	時間管理手冊	360 元
285	人事經理操作手冊（增訂二版）	360 元
286	贏得競爭優勢的模仿戰略	360 元
287	電話推銷培訓教材（增訂三版）	360 元
288	贏在細節管理（增訂二版）	360 元
289	企業識別系統 CIS（增訂二版）	360 元
290	部門主管手冊（增訂五版）	360 元
291	財務查帳技巧（增訂二版）	360 元
292	商業簡報技巧	360 元
293	業務員疑難雜症與對策（增訂二版）	360 元
294	內部控制規範手冊	360 元
295	哈佛領導力課程	360 元
296	如何診斷企業財務狀況	360 元
297	營業部轄區管理規範工具書	360 元
298	售後服務手冊	360 元
299	業績倍增的銷售技巧	400 元
300	行政部流程規範化管理（增訂二版）	400 元
301	如何撰寫商業計畫書	400 元
302	行銷部流程規範化管理（增訂二版）	400 元
303	人力資源部流程規範化管理（增訂四版）	420 元
304	生產部流程規範化管理（增訂二版）	400 元
305	績效考核手冊(增訂二版)	400 元
306	經銷商管理手冊(增訂四版)	420 元
307	招聘作業規範手冊	420 元

308	喬・吉拉德銷售智慧	400 元
309	商品鋪貨規範工具書	400 元
310	企業併購案例精華（增訂二版）	420 元
311	客戶抱怨手冊	400 元
312	如何撰寫職位說明書（增訂二版）	400 元
313	總務部門重點工作（增訂三版）	400 元
314	客戶拒絕就是銷售成功的開始	400 元
315	如何選人、育人、用人、留人、辭人	400 元
316	危機管理案例精華	400 元
317	節約的都是利潤	400 元
318	企業盈利模式	400 元
319	應收帳款的管理與催收	420 元
320	總經理手冊	420 元
321	新產品銷售一定成功	420 元
322	銷售獎勵辦法	420 元
323	財務主管工作手冊	420 元
324	降低人力成本	420 元

《商店叢書》

18	店員推銷技巧	360 元
30	特許連鎖業經營技巧	360 元
35	商店標準操作流程	360 元
36	商店導購口才專業培訓	360 元
37	速食店操作手冊〈增訂二版〉	360 元
38	網路商店創業手冊〈增訂二版〉	360 元
40	商店診斷實務	360 元
41	店鋪商品管理手冊	360 元
42	店員操作手冊（增訂三版）	360 元
43	如何撰寫連鎖業營運手冊〈增訂二版〉	360 元
44	店長如何提升業績〈增訂二版〉	360 元
45	向肯德基學習連鎖經營〈增訂二版〉	360 元
47	賣場如何經營會員制俱樂部	360 元
48	賣場銷量神奇交叉分析	360 元

8	輕鬆坐月子	360 元
11	排毒養生方法	360 元
13	排除體內毒素	360 元
14	排除便秘困擾	360 元
15	維生素保健全書	360 元
16	腎臟病患者的治療與保健	360 元
17	肝病患者的治療與保健	360 元
18	糖尿病患者的治療與保健	360 元
19	高血壓患者的治療與保健	360 元
22	給老爸老媽的保健全書	360 元
23	如何降低高血壓	360 元
24	如何治療糖尿病	360 元
25	如何降低膽固醇	360 元
26	人體器官使用說明書	360 元
27	這樣喝水最健康	360 元
28	輕鬆排毒方法	360 元
29	中醫養生手冊	360 元
30	孕婦手冊	360 元
31	育兒手冊	360 元
32	幾千年的中醫養生方法	360 元
34	糖尿病治療全書	360 元
35	活到 120 歲的飲食方法	360 元
36	7 天克服便秘	360 元
37	為長壽做準備	360 元
39	拒絕三高有方法	360 元
40	一定要懷孕	360 元
41	提高免疫力可抵抗癌症	360 元
42	生男生女有技巧〈增訂三版〉	360 元

《培訓叢書》

11	培訓師的現場培訓技巧	360 元
12	培訓師的演講技巧	360 元
15	戶外培訓活動實施技巧	360 元
17	針對部門主管的培訓遊戲	360 元
21	培訓部門經理操作手冊（增訂三版）	360 元
23	培訓部門流程規範化管理	360 元
24	領導技巧培訓遊戲	360 元
26	提升服務品質培訓遊戲	360 元
27	執行能力培訓遊戲	360 元
28	企業如何培訓內部講師	360 元

29	培訓師手冊（增訂五版）	420 元
30	團隊合作培訓遊戲(增訂三版)	420 元
31	激勵員工培訓遊戲	420 元
32	企業培訓活動的破冰遊戲（增訂二版）	420 元
33	解決問題能力培訓遊戲	420 元
34	情商管理培訓遊戲	420 元
35	企業培訓遊戲大全(增訂四版)	420 元
36	銷售部門培訓遊戲綜合本	420 元

《傳銷叢書》

4	傳銷致富	360 元
5	傳銷培訓課程	360 元
10	頂尖傳銷術	360 元
12	現在輪到你成功	350 元
13	鑽石傳銷商培訓手冊	350 元
14	傳銷皇帝的激勵技巧	360 元
15	傳銷皇帝的溝通技巧	360 元
19	傳銷分享會運作範例	360 元
20	傳銷成功技巧（增訂五版）	400 元
21	傳銷領袖（增訂二版）	400 元
22	傳銷話術	400 元
23	如何傳銷邀約	400 元

《幼兒培育叢書》

1	如何培育傑出子女	360 元
2	培育財富子女	360 元
3	如何激發孩子的學習潛能	360 元
4	鼓勵孩子	360 元
5	別溺愛孩子	360 元
6	孩子考第一名	360 元
7	父母要如何與孩子溝通	360 元
8	父母要如何培養孩子的好習慣	360 元
9	父母要如何激發孩子學習潛能	360 元
10	如何讓孩子變得堅強自信	360 元

《成功叢書》

1	猶太富翁經商智慧	360 元
2	致富鑽石法則	360 元
3	發現財富密碼	360 元

《企業傳記叢書》

1	零售巨人沃爾瑪	360 元
2	大型企業失敗啟示錄	360 元

3	企業併購始祖洛克菲勒	360 元
4	透視戴爾經營技巧	360 元
5	亞馬遜網路書店傳奇	360 元
6	動物智慧的企業競爭啟示	320 元
7	CEO 拯救企業	360 元
8	世界首富　宜家王國	360 元
9	航空巨人波音傳奇	360 元
10	傳媒併購大亨	360 元

《智慧叢書》

1	禪的智慧	360 元
2	生活禪	360 元
3	易經的智慧	360 元
4	禪的管理大智慧	360 元
5	改變命運的人生智慧	360 元
6	如何吸取中庸智慧	360 元
7	如何吸取老子智慧	360 元
8	如何吸取易經智慧	360 元
9	經濟大崩潰	360 元
10	有趣的生活經濟學	360 元
11	低調才是大智慧	360 元

《DIY 叢書》

1	居家節約竅門 DIY	360 元
2	愛護汽車 DIY	360 元
3	現代居家風水 DIY	360 元
4	居家收納整理 DIY	360 元
5	廚房竅門 DIY	360 元
6	家庭裝修 DIY	360 元
7	省油大作戰	360 元

《財務管理叢書》

1	如何編制部門年度預算	360 元
2	財務查帳技巧	360 元
3	財務經理手冊	360 元
4	財務診斷技巧	360 元
5	內部控制實務	360 元
6	財務管理制度化	360 元
8	財務部流程規範化管理	360 元
9	如何推動利潤中心制度	360 元

為方便讀者選購，本公司將一部分上述圖書又加以專門分類如下：

《主管叢書》

1	部門主管手冊（增訂五版）	360 元
2	總經理手冊	420 元
4	生產主管操作手冊（增訂五版）	420 元
5	店長操作手冊（增訂六版）	420 元
6	財務經理手冊	360 元
7	人事經理操作手冊	360 元
8	行銷總監工作指引	360 元
9	行銷總監實戰案例	360 元

《總經理叢書》

1	總經理如何經營公司(增訂二版)	360 元
2	總經理如何管理公司	360 元
3	總經理如何領導成功團隊	360 元
4	總經理如何熟悉財務控制	360 元
5	總經理如何靈活調動資金	360 元
6	總經理手冊	420 元

《人事管理叢書》

1	人事經理操作手冊	360 元
2	員工招聘操作手冊	360 元
3	員工招聘性向測試方法	360 元
5	總務部門重點工作（增訂三版）	400 元
6	如何識別人才	360 元
7	如何處理員工離職問題	360 元
8	人力資源部流程規範化管理（增訂四版）	420 元
9	面試主考官工作實務	360 元
10	主管如何激勵部屬	360 元
11	主管必備的授權技巧	360 元
12	部門主管手冊（增訂五版）	360 元

《理財叢書》

1	巴菲特股票投資忠告	360 元
2	受益一生的投資理財	360 元
3	終身理財計劃	360 元
4	如何投資黃金	360 元
5	巴菲特投資必贏技巧	360 元
6	投資基金賺錢方法	360 元
7	索羅斯的基金投資必贏忠告	360 元

8	巴菲特為何投資比亞迪	360 元

《網路行銷叢書》

1	網路商店創業手冊〈增訂二版〉	360 元
2	網路商店管理手冊	360 元
3	網路行銷技巧	360 元
4	商業網站成功密碼	360 元
5	電子郵件成功技巧	360 元

6	搜索引擎行銷	360 元

《企業計劃叢書》

1	企業經營計劃〈增訂二版〉	360 元
2	各部門年度計劃工作	360 元
3	各部門編制預算工作	360 元
4	經營分析	360 元
5	企業戰略執行手冊	360 元

請保留此圖書目錄：

　　　　未來在長遠的工作上，此圖書目錄

可能會對您有幫助！！

使用培訓、提升企業競爭力是萬無一失、事半功倍的方法。其效果更具有超大的「投資報酬力」！

好消息

最 暢 銷 的 商 店 叢 書

名稱	特價	名稱	特價
4 餐飲業操作手冊	390 元	35 商店標準操作流程	360 元
5 店員販賣技巧	360 元	36 商店導購口才專業培訓	360 元
10 賣場管理	360 元	37 速食店操作手冊〈增訂二版〉	360 元
12 餐飲業標準化手冊	360 元	38 網路商店創業手冊〈增訂二版〉	360 元
13 服飾店經營技巧	360 元	39 店長操作手冊（增訂四版）	360 元
18 店員推銷技巧	360 元	40 商店診斷實務	360 元
19 小本開店術	360 元	41 店鋪商品管理手冊	360 元
20 365 天賣場節慶促銷	360 元	42 店員操作手冊（增訂三版）	360 元
29 店員工作規範	360 元	43 如何撰寫連鎖業營運手冊〈增訂二版〉	360 元
30 特許連鎖業經營技巧	360 元	44 店長如何提升業績〈增訂二版〉	360 元
32 連鎖店操作手冊（增訂三版）	360 元	45 向肯德基學習連鎖經營〈增訂二版〉	360 元
33 開店創業手冊〈增訂二版〉	360 元	46 連鎖店督導師手冊	360 元
34 如何開創連鎖體系〈增訂二版〉	360 元	47 賣場如何經營會員制俱樂部	360 元

上述各書均有在書店陳列販賣，若書店賣完而來不及由庫存書補充上架，請讀者直接向店員詢問、購買，最快速、方便！**購買方法如下：**

銀行名稱：合作金庫銀行　敦南分行(代碼：006)

帳號：5034-717-347-447

公司名稱：憲業企管顧問有限公司

郵局劃撥帳號：18410591

使用培訓、提升企業競爭力是萬無一失、事半功倍的方法。其效果更具有超大的「投資報酬力」！

最 暢 銷 的 工 廠 叢 書

名稱	特價	名稱	特價
5 品質管理標準流程	380 元	50 品管部經理操作規範	380 元
9 ISO 9000 管理實戰案例	380 元	51 透視流程改善技巧	380 元
10 生產管理制度化	360 元	55 企業標準化的創建與推動	380 元
11 ISO 認證必備手冊	380 元	56 精細化生產管理	380 元
12 生產設備管理	380 元	57 品質管制手法〈增訂二版〉	380 元
13 品管員操作手冊	380 元	58 如何改善生產績效〈增訂二版〉	380 元
15 工廠設備維護手冊	380 元	60 工廠管理標準作業流程	380 元
16 品管圈活動指南	380 元	62 採購管理工作細則	380 元
17 品管圈推動實務	380 元	63 生產主管操作手冊（增訂四版）	380 元
20 如何推動提案制度	380 元	64 生產現場管理實戰案例〈增訂二版〉	380 元
24 六西格瑪管理手冊	380 元	65 如何推動 5S 管理（增訂四版）	380 元
30 生產績效診斷與評估	380 元	67 生產訂單管理步驟〈增訂二版〉	380 元
32 如何藉助 IE 提升業績	380 元	68 打造一流的生產作業廠區	380 元
35 目視管理案例大全	380 元	70 如何控制不良品〈增訂二版〉	380 元
38 目視管理操作技巧（增訂二版）	380 元	71 全面消除生產浪費	380 元
40 商品管理流程控制（增訂二版）	380 元	72 現場工程改善應用手冊	380 元
42 物料管理控制實務	380 元	73 部門績效考核的量化管理（增訂四版）	380 元
46 降低生產成本	380 元	74 採購管理實務〈增訂四版〉	380 元
47 物流配送績效管理	380 元	75 生產計劃的規劃與執行	380 元
49 6S 管理必備手冊	380 元	76 如何管理倉庫（增訂六版）	380 元

上述各書均有在書店陳列販賣，若書店賣完而來不及由庫存書補充上架，請讀者直接向店員詢問、購買，最快速、方便！購買方法如下：

銀行名稱：合作金庫銀行 敦南分行（代碼：006）

帳號：5034-717-347-447

公司名稱：憲業企管顧問有限公司

郵局劃撥帳號：18410591

使用培訓、提升企業競爭力是萬無一失、事半功倍的方法。其效果更具有超大的「投資報酬力」！

好消息

最 暢 銷 的 培 訓 叢 書

名稱	特價	名稱	特價
4 領導人才培訓遊戲	360 元	17 針對部門主管的培訓遊戲	360 元
8 提升領導力培訓遊戲	360 元	18 培訓師手冊	360 元
11 培訓師的現場培訓技巧	360 元	19 企業培訓遊戲大全 (增訂二版)	360 元
12 培訓師的演講技巧	360 元	20 銷售部門培訓遊戲	360 元
14 解決問題能力的培訓技巧	360 元	21 培訓部門經理操作手冊 (增訂三版)	360 元
15 戶外培訓活動實施技巧	360 元	22 企業培訓活動的破冰遊戲	360 元
16 提升團隊精神的培訓遊戲	360 元	23 培訓部門流程規範化管理	360 元

上述各書均有在書店陳列販賣，若書店賣完而來不及由庫存書補充上架，請讀者直接向店員詢問、購買，最快速、方便！購買方法如下：

銀行名稱：合作金庫銀行 敦南分行 (代碼：006)

帳號：5034-717-347-447

公司名稱：憲業企管顧問有限公司

郵局劃撥帳號：18410591

使用培訓、提升企業競爭力是萬無一失、事半功倍的方法。其效果更具有超大的「投資報酬力」！

好消息

最 暢 銷 的 傳 銷 叢 書

名稱	特價	名稱	特價
4 傳銷致富	360 元	13 鑽石傳銷商培訓手冊	350 元
5 傳銷培訓課程	360 元	14 傳銷皇帝的激勵技巧	360 元
7 快速建立傳銷團隊	360 元	15 傳銷皇帝的溝通技巧	360 元
10 頂尖傳銷術	360 元	17 傳銷領袖	360 元
11 傳銷話術的奧妙	360 元	18 傳銷成功技巧（增訂四版）	360 元
12 現在輪到你成功	350 元	19 傳銷分享會運作範例	360 元

上述各書均有在書店陳列販賣，若書店賣完而來不及由庫存書補充上架，請讀者直接向店員詢問、購買，最快速、方便！購買方法如下：

銀行名稱：合作金庫銀行 敦南分行(代碼：006)

帳號：5034-717-347-447

公司名稱：憲業企管顧問有限公司

郵局劃撥帳號：18410591

使用培訓、提升企業競爭力是萬無一失、事半功倍的方法。其效果更具有超大的「投資報酬力」！

好消息

最 暢 銷 的 醫 學 保 健 叢 書

名稱	特價	名稱	特價
1 9 週加強免疫能力	320 元	24 如何治療糖尿病	360 元
3 如何克服失眠	320 元	25 如何降低膽固醇	360 元
4 美麗肌膚有妙方	320 元	26 人體器官使用說明書	360 元
5 減肥瘦身一定成功	360 元	27 這樣喝水最健康	360 元
6 輕鬆懷孕手冊	360 元	28 輕鬆排毒方法	360 元
7 育兒保健手冊	360 元	29 中醫養生手冊	360 元
8 輕鬆坐月子	360 元	30 孕婦手冊	360 元
11 排毒養生方法	360 元	31 育兒手冊	360 元
12 淨化血液　強化血管	360 元	32 幾千年的中醫養生方法	360 元
13 排除體內毒素	360 元	33 免疫力提升全書	360 元
14 排除便秘困擾	360 元	34 糖尿病治療全書	360 元
15 維生素保健全書	360 元	35 活到 120 歲的飲食方法	360 元
16 腎臟病患者的治療與保健	360 元	367 天克服便秘	360 元
17 肝病患者的治療與保健	360 元	37 為長壽做準備	360 元
18 糖尿病患者的治療與保健	360 元	38 生男生女有技巧〈增訂二版〉	360 元
19 高血壓患者的治療與保健	360 元	39 拒絕三高有方法	360 元
22 給老爸老媽的保健全書	360 元	40 一定要懷孕	360 元
23 如何降低高血壓	360 元		

上述各書均有在書店陳列販賣，若書店賣完而來不及由庫存書補充上架，請讀者直接向店員詢問、購買，最快速、方便！購買方法如下：

銀行名稱：合作金庫銀行　敦南分行（代碼：006）

帳號：5034-717-347-447

公司名稱：憲業企管顧問有限公司

郵局劃撥帳號：18410591

如何藉助流程改善，

提升企業績效？

敬請參考下列各書，內容保證精彩：
- 透視流程改善技巧（380元）
- 工廠管理標準作業流程（380元）
- 商品管理流程控制（380元）
- 如何改善企業組織績效（360元）
- 診斷改善你的企業（360元）

上述各書均有在書店陳列販賣，若書店賣完而來不及由庫存書補充上架，請讀者直接向店員詢問、購買，最快速、方便！購買方法如下：

銀行名稱：合作金庫銀行 敦南分行(代碼：006)

帳號：5034-717-347-447

公司名稱：憲業企管顧問有限公司

郵局劃撥帳號：18410591

在海外出差的……
臺灣上班族

　　愈來愈多的台灣上班族，到海外工作（或海外出差），對工作的努力與敬業，是台灣上班族的核心競爭力；一個明顯的例子，返台休假期間，台灣上班族都會抽空再買書，設法充實自身專業能力。

　　[憲業企管顧問公司]以專業立場，為企業界提供專業咨詢，並提供最專業的各種經營管理類圖書。

　　85%的台灣上班族都曾經有過購買（或閱讀）[憲業企管顧問公司]所出版的各種企管圖書。

　　建議你：工作之餘要多看書，加強競爭力。

建立企業圖書館

當市場競爭激烈時：

培訓員工，強化員工競爭力
是企業最佳對策

「人才」是企業最大的財富。如何提升人才，是企業永續經營、戰勝對手的核心競爭力。積極培訓公司內部員工，是經濟不景氣時期的最佳戰略，而最快速的具體作法，就是「建立企業內部圖書館，鼓勵員工多閱讀、多進修專業書藉」

建議您：請一次購足本公司所出版各種經營管理類圖書，作為貴公司內部員工培訓圖書。使用率高的（例如「贏在細節管理」），準備 3 本；使用率低的（例如「工廠設備維護手冊」），只買 1 本。

工廠叢書 ⑩⑫   售價：420 元

生產主管工作技巧

西元二〇一七年四月   初版一刷

編輯指導：黃憲仁

編著：曹晉德

策劃：麥可國際出版有限公司（新加坡）

編輯：蕭玲

校對：劉飛娟

發行人：黃憲仁

發行所：憲業企管顧問有限公司

電話：(02) 2762-2241　　(03) 9310960　　0930872873

電子郵件聯絡信箱：huang2838@yahoo.com.tw

銀行 ATM 轉帳：合作金庫銀行　　帳號：5034-717-347447

郵政劃撥：18410591　　憲業企管顧問有限公司

江祖平律師顧問：紙品書、數位書著作權與版權均歸本公司所有

登記證：行政業新聞局版台業字第 6380 號

本公司徵求海外版權出版代理商（0930872873）

本圖書是由憲業企管顧問（集團）公司所出版，以專業立場，為企業界提供最專業的各種經營管理類圖書。

圖書編號 ISBN：978-986-369-056-6